電工與電路分析實驗

王麗丹、陳躍華、趙庭兵 主編

崧燁文化

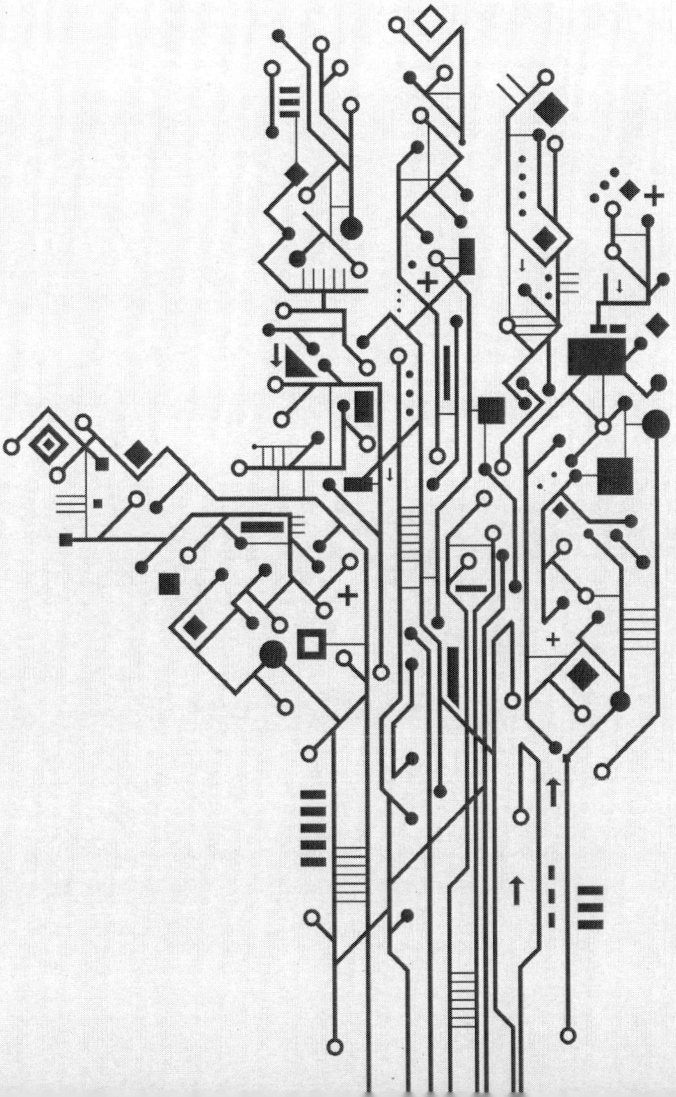

目錄

前言 6

第一章 電路與電工基礎實驗概述 7

    1.1 實驗室安全用電常識 7

    1.2 電路與電工基礎實驗的一般要求 12

    1.3 實驗誤差分析與資料處理 17

第二章 電路的基本概念與基本定律 26

    實驗一 電路元件的伏安特性 26

    實驗二 克希荷夫定律和疊加原理 34

    實驗三 戴維寧定理及最大功率傳輸定理 41

第三章 電路的分析方法 53

    實驗一 電阻電路的等效變換 53

    實驗二 電壓源與電流源等效變換 63

    實驗三 互易定理 68

    實驗四 受控源特性的研究 73

第四章 電路的暫態分析 82

    實驗一 一階 RC 電路的暫態響應 82

    實驗二 二階動態電路的響應及其測試 93

第五章　正弦交流電路 100

　　實驗一　交流電路參數的測量 100

　　實驗二　日光燈電路及功率因數的研究 104

　　實驗三　RLC 串聯諧振電路 109

　　實驗四　RC 選頻網路特性測試 116

　　實驗五　雙埠網路實驗 125

第六章　磁路與鐵芯線圈電路 134

　　實驗一　單相雙繞組變壓器 134

第七章　電工測量 142

　　實驗一　單相電能表的校驗 142

　　實驗二　擴大電壓表和電流表量程的方法 150

第八章　三相電路 158

　　實驗一　三相交流電路的研究 158

第九章　交流電動機 166

　　實驗一　三相鼠籠式感應電動機的點動與自鎖控制 166

　　實驗二　三相鼠籠式感應電動機的正反轉控制 171

第十章　MULTISIM9.0 模擬軟體的應用 178

　　10.1　概　述 178

　　10.2　MULTISIM9.0 常用功能 179

10.3 模擬實驗實例 193

10.4 模擬實驗儀器 198

附　錄　常用電路與電工實驗儀器的基本工作原理與使用說明 208

一、模擬萬用電表 208

二、數位萬用電表 213

三、函數訊號產生器 216

四、示波器 218

參考文獻 231

前言

「電工與電路分析」是相關學科專業的一門重要的技術基礎課，實驗是學習者學習和掌握這門課程的重要環節。同以往的實驗教材比較，本實驗指導書在內容和宗旨上都有了較大改變，旨在更有效地培養學習者的實驗技能和創新能力，促進學習者得到全面而富有個性的發展。實驗課一是採用實物實驗與模擬實驗相結合的形式，打破傳統實驗觀念，使實驗教學形式更加靈活，實驗內容、手段更加豐富，也為學生提供更多動腦動手的機會，二是精選了一些具有實戰價值的綜合實驗以培養學生分析、解決實際問題的能力。

本書主要介紹了電工與電路分析基礎的實驗方法、測試方法和實驗內容，注重培養學生的動手操作能力、知識應用能力及工程素質和創新精神。內容主要包括三部分：第一部分是「電路與電工基礎實驗概述」；第二部分是該書的主體，包括 20 個精心設計的實驗專案，這些實驗項目既有「基礎驗證型」實驗，又有「設計與開發型」實驗，對培養學生獨立分析和解決問題的能力及實事求是、嚴肅認真的良好工作作風大有裨益。最後一部分除了介紹主要實驗平臺的使用以外，還重點講述了電腦類比實驗平臺軟體這一全新的實驗方式，具有一定的前瞻性和創新性，以便實驗時參考。

本書由王麗丹老師擔任最終統稿，參與編寫等工作的作者還有：王嘉、李北川、羅庚榮、劉東卓、王顏、陳躍華、張奕、鄧淩雲、盧從娟、鄒文靜、趙庭兵。由於編者水準有限，加之時間倉促，本書不妥之處在所難免，懇請批評指正。

編　者

第一章　電路與電工基礎實驗概述

1.1 實驗室安全用電常識

　　實驗室安全用電問題在電工實驗室中顯得尤其突出和重要，這是由電工實驗的特點決定的。在電工實驗室中，有各種高、低壓交、直流實驗電源，有實驗台、訊號源、示波器等用電設備，以及在實驗中使用的開關、元件、連線、測試點等都有潛在漏電、觸電的危險性，稍有不慎就可能造成電氣事故，危及人身安全和設備安全。如果處置不當，可能導致人身傷亡和電氣設備損壞，甚至引發火災等嚴重後果。因此，要求進入電工實驗室的教師、實驗技術人員和學生都必須高度重視安全用電問題，特別是剛進電工實驗室的學生，一定要聽從指導教師和實驗技術人員的指揮，嚴格按規程進行操作，不要到處亂摸、亂接線。只有在保證人身安全和實驗設備安全的前提下，教師才能夠有序組織教學，在學習電工知識的同時，還要懂得安全用電的基本知識，掌握安全用電的操作方法，熟習安全用電的規章制度，會處理安全用電的相關問題。

1.1.1 從思想上重視安全用電

　　由於電在通常情況下是看不見、摸不著的，需要借助專用儀器或輔助工具才能判斷某個物體是否帶電，因此電的危險常常被人們所忽視。在電工實驗室中，雖然室內佈線、設備安裝都是按照相關標準進行的，但為了滿足不同電工實驗內容的要求，有些帶電的實驗部件、連接線、測試點等必須暴露在外，如果我們貿然接觸或接近高壓帶電物體，就容易受到電擊傷害。大量電氣事故實例告訴我們，很多本不該發生的電氣事故，都是因為思想上不重視安全用電造成的。在進行電工實驗的過程中，必須在思想上高度重視安全用電問題。特別要求教師和實驗技術人員在教授學生認識電的本質和規律的同時，培養他們尊重電的規律，養成科學用電、規範用電的好習慣，並把它帶到今後的生活和工作中去。在不具備安全用電條件的情況下，不蠻幹、不胡來，要積極動腦筋想辦法，創造條件排除用電隱患，保證安全用電。只有師生懂得都安全用電，才能保證電工實驗順利進行；只有人人都懂得安全用電，才能保障我們的日常生活和工作都順利而幸福；只有各行各業都懂得安全用電，才能使國家安全、社會穩定得到保證。我們一定要上銘記：切記安全用電！切勿違章用電！

1.1.2 從科學上認識安全用電

要做到安全用電，必須從科學上認識清楚人體的電學特徵和受電傷害的原因，學習和掌握電的規律，熟習安全用電知識。只有按照電的規律來使用電，才能做到安全用電，保護人自身的安全。

1.人體阻抗

人體阻抗是指人體皮膚、血液、肌肉、細胞組織等對電流的等效阻抗。通常分為皮膚阻抗與體內阻抗兩部分。皮膚阻抗在人體阻抗中佔有較大的比例，體內阻抗是除去表皮之後的人體阻抗。由於人體電容很小，在工頻條件下可以忽略不計。因此，人體阻抗主要由人體電阻決定。人體電阻經常在變化。同一個人的不同部位的電阻不相同，同一人同一部位在不同情況下（乾燥時與潮濕時）的電阻也有很大的變化。一般情況下，人體電阻在 $1000\Omega\sim2000\Omega$ 範圍變化，隨著皮膚狀態、接觸面積、接觸壓力等多種因素的變化很大。實驗表明，人體阻抗還與人的性別、年齡和生理狀態有關。通常女性的人體阻抗比男性小，兒童的人體阻抗比成人小，遭受突然的生理刺激時，人體阻抗可能明顯降低。

過量的電流通過人體時，會對人體造成傷害。當人體通過 1mA~5mA 的電流時，觸電部位會有麻痛的感覺。一般來說，通過人體 10mA 以下的工頻電流或 50mA 以下的直流電流時，觸電部位的肌肉會發生痙攣，但觸電者還可以依靠自己的力量擺脫電源。當通過人體的工頻電流增大到 20mA~50mA 或直流 80mA 時，觸電部位的肌肉痙攣將迅速加劇，使觸電者無力擺脫電流的繼續作用，最終由於中樞神經系統的麻痺，使觸電者呼吸停止或心臟停止跳動，以致死亡。

電流傷害人的程度不僅取決於通過人體電流的大小，還與電流通過人體的途徑、時間的長短、電流頻率的高低以及人體各部分的性質等因素有關。根據有關部門的統計，通過人體的工頻電流超過 50mA 時，可以使人致死。通過心臟和呼吸系統的電流最危險。同樣的電壓，交流比直流更為危險。50Hz 的交流電比高頻電流、衝擊電流和靜電電荷更危險。

2.安全電壓

通過人體電流的大小由外加電壓和人體阻抗決定。對處於某特定環境中的同一個人，電壓越高，通過人體的電流越大，對人體的危害程度越大。那麼，對人體安全的電壓究竟是多少伏呢？目前世界各國沒有統一標準，而是根據本國實際情況規定一個防止觸電事故而由特定電源供電所採用的電壓系列。我國規定安全電壓額定值的等級為 42V、36V、24V、12V 和 6V，分別適用於不同用電環境，當電氣設備採用的電壓超過安全電壓時，必須按規定採取防止直接或間接接觸帶電體的保護措施。在潮濕的場所，容易觸電而又無防止觸電措施時，其供電電壓不應超過 36V。但如果作業地點狹窄，特別潮濕，且工作者接觸有良好接地的大塊金屬時，則供電電壓不應超過 12V。

3.供電方式與用電安全

在電工實驗室中，交流電源採用三相五線制（即三根相線 A、B、C，一根零線 N 和一根地線 PE）供電，相線對零線之間的電壓差為 220V，相線之間的電壓差為 380V。在使用單相負載時，用 1 根相線和零線向負載供電；在使用三相負載時，可用 3 根相線 A、B、C 和零線 N 對 Y 型三相負載供電。這時，如果三相負載平衡，則零線 N 中沒有電流，否則零線中有電流。當使用△型三相負載時，可用 3 根相線 A、B、C 對其供電。無論在單相用電還是三相用電中，地線 PE 都接負載的外殼，在負載正常工作的情況下，地線 PE 中沒有電流，只有負載內部絕緣損壞，負載外殼才可能帶電，經地線 PE 引入大地，以保護接觸負載外殼的人員的安全。在實驗中要特別注意區分零線和地線。地線的對地電位為零，它與用電器的外殼相連，在用電器出現漏電故障時將電流引入大地，保護人的安全。零線的對地電位不一定為零，零線的最近接地點是在變電所或者供電的變壓器處，它與用電器的外殼是絕緣的。所以，不能把零線當地線用，也不能把零線和地線接在一起，否則會帶來極大的危險。

4.人體觸電的兩種情況

根據低壓電網的輸電方式和用電方式，儘管人體觸電的具體原因可能千差萬別，最終都可以歸納為以下兩種情況：第一種情況是人體不慎與帶電部分相接觸。如果人

體不慎與三根相線中的一根接觸，如圖 1-1-1 所示，稱單線觸電。電流通過人和地而形成通路，人體承受相電壓的作用。如果人體同時觸及兩根相線，如圖 1-1-2 所示，稱雙線觸電。人體除承受相電壓的作用外，還承受線電壓的作用。所以，雙線觸電比單線觸電更危險。

圖 1-1 人體單線觸電示意圖

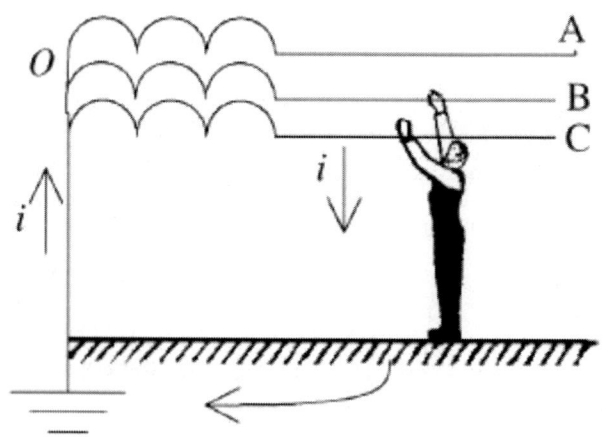

圖 1-1-2 人體雙線觸電示意圖

第二種情況是正常不帶電部分因故障帶電。比如電機的外殼正常時是不帶電的，如果電機內部絕緣體損壞則外殼可能帶電，這時如果人體觸及帶電的電機外殼，而電機外殼沒有接地或接地不良，人就有觸電危險。

1.1.3 從技術上保證安全用電

通過上述分析，我們可以看出電傷害人的基本原因是：電流過量流過人體。針對人體觸電的兩種情況，可以從技術上採取相應措施，防止或減小流過人體的電流，從而排除或減輕電對人體的傷害，保證安全用電。

1.直接接觸的防護方法

（1）防止電流由身體的任何部位通過。可以使用有絕緣手柄的工具，戴絕緣手套，穿絕緣靴或穿防電衣等。

（2）限制可能流經人體的電流，使之小於電擊電流。可以用分流或限流的方法，使流過人體的電流小於電擊電流。

2.間接接觸的防護方法

（1）防止故障電流經由身體的任何部位通過。可以採用雙重絕緣結構、電氣隔離和保護接地等方法。

（2）限制可能流經人體的故障電流，使之小於電擊電流。可用保護接地法或對不接地的局部採用等電位連接法。

（3）在故障情況下觸及外露的可導電部分時，流經人體的電流可能會等於或大於電擊電流，必須在規定時間內切斷電流。可安裝漏電自動開關，當設備漏電、短路、超載或發生觸電時，自動切斷電源，對設備和人員起保護作用。

必須指出，上述各種防觸電的技術措施有些是在產品設計、生產環節中實施的，如提高導線的絕緣強度，採用雙絕緣結構等；有些是在用電環境建設和設備安裝時實施的，如電氣隔離，保護接地，安裝漏電保護開關等；有些是在用電過程中需要採取

的，如使用有絕緣柄的工具，戴絕緣手套等。由此可見，安全用電不是一個人，一個單位的事，而是各個行業，整個社會所有人的事，我們要在保障自己安全用電的同時，主動為他人、為社會的安全用電盡自己的責任和義務。

1.1.4 從制度上規範安全用電

把一些行之有效的用電方法，以法律法規和制度的形式固定下來，用來規範電器設備的設計、生產製造、用電環境建設和使用者的行為，強制推行正確的用電方法，保證用電安全。

不同國家所發佈的用電安全規範，就會針對不同的交流額定電壓及以下、直流及以下的各類電氣裝置的操作、使用、檢查和維護的國家標準。其中規定了用電安全的基本原則，用電安全的基本要求以及電氣裝置的檢查和維護安全要求等內容，並提出各類設備、產品、場所的安全要求和措施，應依據本標準作出具體規定。

1.1.5 觸電事故的處理

當發生觸電事故時，不要驚慌，首先迅速使觸電者脫離電源。儘快把距離最近的電源開關斷開，可以用有絕緣手柄的工具或乾燥木棒把電源導線割斷或拉開。在觸電者尚未脫離電源前，施救者切不可與觸電者的肢體直接接觸，以免再發生觸電。當觸電者脫離電源後，若已處於昏迷狀態，則應立即打開窗戶或將觸電者抬到空氣流通的地方，解開衣服，讓其平直仰臥，用軟衣物墊在他的身下，使他的頭比肩略低一些，以免妨礙呼吸。同時用電話呼叫120尋求急救或迅速將觸電者送往醫院。

1.2 電路與電工基礎實驗的一般要求

電工測量的基本知識，學習常用電工儀表的基本原理和使用方法，對學生進行電工測量所必需的基本技能訓練；另一方面培養學生的動手能力，觀察、分析和解決實際問題的能力，培養理論聯繫實際、實事求是、嚴肅認真的科學態度。

開展任何實驗，都是從相關知識的預習開始，直至撰寫出完整的實驗報告為止，其中各個環節均影響實驗的品質和效果。

1.2.1 實驗預習

為了加深學生對實驗內容的認識，儘快熟悉實驗儀器，保證實驗教學效果，要求學生在每次實驗之前預習時，要恰當地運用基本理論闡述清楚實驗原理；綜合考慮實驗環境和實驗條件，瞭解實驗目的、實驗內容、實驗原理和注意事項，分析所設計的實驗和所提出的任務的可行性；最後預計實驗結果，並寫出預習報告。先做好實驗預習，寫出符合要求的實驗預習報告。一般預習報告包括以下內容：

（一）實驗目的

不同的實驗其實驗目的也各不相同，故預習報告中要明確本次實驗所需要瞭解和掌握的實驗內容，如通過實驗學習常用電工儀器儀表的基本原理和使用方法，通過實驗學習資料的採集和處理、對各種現象的觀察和分析等來達到相應的實驗目的。

（二）實驗原理

實驗原理指的是實驗方法、實驗裝置和器材、實驗過程、實驗結果分析等所依據的物理道理，包括基本理論的應用、實驗線路的設計、測量儀表的選擇和實驗測量的方案確定等。實驗原理是整個實驗的指導思想，它指導我們如何來設計以及完成相應的實驗內容，完成這一部分內容需要複習有關的理論，熟悉實驗電路，瞭解所需的電路元件、儀器儀表及其使用方法。

（三）實驗步驟

許多同學在實驗的過程中帶有很大的隨意性，實際上制訂一個規範的實驗步驟對於養成良好的實驗習慣是很有必要的。例如，考慮儀器設備的安全，用儀表測量之前選擇合適量程，多功能儀表測量前旋鈕的定位，可調電源通電前一般先置零，通電後再調到合適位置等等。而考慮到人身安全，則必須嚴格遵守先接線後通電、先斷電後拆線的操作順序等。另外還包括實驗資料的測試順序，這些相應的實驗步驟的規範化，不但有助於培養我們良好的實驗習慣還可以保證實驗的順利進行。

（四）實驗資料

根據實驗要求進行預習，瞭解和熟悉本次實驗所用實驗儀器、設備。對於基礎實驗（驗證性實驗）把要使用的實驗線路畫下來，並記錄實驗參數；對於設計性、綜合性實驗要把本次實驗由實驗室提供的元器件參數記下來備用，並根據相應參數計算出理論值。如在實驗過程中會產生波形，也需畫出相應的波形曲線，並填入預先擬定好的記錄資料和準備好有關的表格。以便於在實驗的過程中能隨時對比，以驗證實驗過程是否正確。

（五）思考題

思考題能說明我們更好地理解實驗目的，並加深對實驗內容的認識，以及拓寬思路，在預習的過程中也應該帶著這些問題來瞭解實驗目的和明白我們在實驗過程中需要解決的問題。

1.2.2 實驗過程

實驗過程是在詳細預習報告的指導下，在實驗室進行整個實驗的過程，包括熟悉、檢查及使用實驗儀器儀表與實驗器件，連接實驗線路，實際測試與資料記錄及實驗後的整理等工作。

（一）儀表器件

在電路實驗中，涉及的實驗器件包括電阻器、電感器、電容器、回轉器、運算放大器、變壓器等，儀器儀表包括電壓源、電流源、訊號產生器、示波器、電壓表、電流表、功率表、電度表等，這些實驗儀器與實驗器件都將在實驗室中通過具體的實驗來認識、瞭解和熟悉。

（二）線路連接

這一環節為實驗系統的關鍵，需要注意三個方面：

1.安全性

安全是實驗的前提，應首先保證實驗中安培表、伏特表、電阻器等不會被燒毀。故在實驗之前應該先考慮好擋位的選擇，電表的連接方式，以免在實驗過程中出現燒表和短路的現象。

2.精確性

精確是所有實驗都應追求的目標。對電流表、電壓表等，使指標在滿刻度的 2/3 左右時，能減少讀數的相對誤差，用歐姆表測電阻時應盡可能使指針指在中值附近。對電學儀表的選擇主要看量程，選擇方法可簡單稱之為量程「夠用就行」，太大、太小都不能保證實驗資料的精確性。

3.方便性

實驗所用電源、負載、測量儀器儀表等應該合理擺放。一般原則為：擺放後佈局合理，即位置、距離、跨線要求短；便於操作，即調整和讀數方便；連線簡單，即要求用線最少，這樣才能保證對電路的干擾和影響最小。連線時只需要按照電路圖一一對應連接，對於複雜的電路，一般先接串聯支路，後接並聯支路，最好每個接線點不要多於兩根導線，最後再接電源。同時連接的過程中，要考慮元件和儀表的極性、參考方向、公共接地端與電路圖的對應位置等。線路連接完後應對照實驗電路圖，由左到右或從電路有明顯標記處開始，逐一檢查，不能漏掉任何一根連線。

在正常情況下，利用檢查好的電路就可以進行實驗測試了。但是，有時也會出現意想不到的故障，必須首先排除故障，以保障實驗的順利進行。實驗中的故障一般是線路故障，查找這些故障可以採用斷電和通電兩種方法。

（三）資料測量

線路連接完畢，並檢查以後就按照預習報告的實驗步驟進行實際實驗操作，觀察現象，記錄實驗資料，完成實驗任務。實驗資料應該記錄在預習報告中擬定好的表格裡，並注明名稱和單位。如果需要重新測量，則應在原來的表格邊重新記錄所得到的資料，不要輕易塗改原始資料，以便比較和分析。在測量過程中，應該盡可能地及時對資料作初步分析，以便及時發現問題，採取相應措施，以提高實驗的品質。

實驗完成後，不要忙於拆除線路。應該先關閉電源，待檢查完實驗所得到的資料沒有遺漏和明顯錯誤後再拆線。一旦發現異常，需要在原有的實驗線路查找原因，並做相應的分析。

（四）實驗結束後的整理工作

全部實驗結束後，應該將所用的實驗設備複歸原位，導線整理成束，清理實驗檯面，切斷電源，然後離開實驗室。

1.2.3 實驗報告

實驗報告是對於實驗工作的全面總結，要對實驗的目的、原理、任務、設備、過程和分析等主要方面有明確的闡述。實驗報告應簡單明瞭，語言通順，圖表資料齊全規範。實驗報告的重點是實驗資料的整理與分析。主要內容包括：

1.院（系）別、班號、學號、組號、實驗人姓名、同組人姓名、實驗日期。

2.實驗目的。

3.儀器、儀表目錄：包括儀器的型號和規格。

4.實驗設計任務與實驗步驟。

5.實驗內容：包括原始設計電路圖，原始資料記錄，正確的實驗電路圖，實驗資料的處理，波形圖及參數。

6.實驗結果的分析、電路的改進和問題探討：

（1）設計原理與設計要求分析。

（2）實驗資料、波形的誤差分析，故障分析與故障排除的描述等。

（3）實驗中的電路改進，旨在開拓學生思路、提出新的方案。

（4）學生有問題提出來，老師批改報告時給予回答，加強師生交流。

7.實驗總結。

實驗總結是學生對所做實驗內容的總結和再學習,通過總結實驗資料,根據實際值同理論值的誤差比較學會分析問題和解決問題的方法,並由此得出相應的實驗結論,對此結論,必須有科學的根據和來自理論與實驗的分析。實驗總結也對於老師瞭解學生對該次實驗的掌握度有極大幫助。

總之,一個高品質的實驗,來自于充分的預習、認真的操作和全面的實驗總結。每個環節都必須認真對待,才能達到預期的實驗目的。

1.3 實驗誤差分析與資料處理

做實驗就會有測量,有測量就會有誤差。對實驗測量結果的誤差分析與資料處理是準確認識事物客觀規律,得到正確實驗結論的前提條件,是理工科學生必須掌握的基本技能。

1.3.1 誤差的來源與分類

實驗誤差是指用測量儀器對實驗資料進行測量時,所得到的測量值與被測量的實際值之差,它是由諸多誤差因素共同作用的結果。

(一)儀器誤差

儀器、儀表自身存在的誤差稱為儀器誤差。如電橋中的標準電阻、示波器的探極線等所含的誤差。儀表、儀器的零位元偏移、刻度不準確以及非線性等引起的誤差均屬儀器誤差。

(二)操作誤差

操作誤差也稱使用誤差,它是指在使用儀器測量實驗資料的過程中,由於未嚴格遵守操作規程所引起的誤差。如不按規定安放儀器、儀表,儀器接地不良,阻抗不匹配,儀器未預熱、校準等,都會產生使用誤差。

（三）方法誤差

由測量方法所依據的理論不對或不夠完善而產生的測量誤差叫方法誤差。如用普通萬用電表測量電路中高阻值電阻兩端的電壓，因萬用電表電壓擋內阻不夠大而產生分流作用引起的誤差即為方法誤差。

（四）影響誤差

由於各種環境因素與儀器設備的要求條件不一致所造成的誤差稱為影響誤差。例如溫度、濕度、電源電壓、電磁場影響等所引起的誤差。

（五）人身誤差

由於測量者的分辨能力、習慣和責任心等因素引起的誤差叫人身誤差。例如讀錯刻度、念錯讀數等。

根據誤差的性質，實驗測量誤差通常分為系統誤差、偶然誤差和疏失誤差三類。

1.系統誤差

在相同條件下，對同一量多次測量時，如果誤差的數值和符號保持恆定，或條件改變後，仍按一定規律變化的誤差稱為系統誤差。其特點是：測量條件一定時，誤差為一確切數字。用多次測量取平均值的方法，並不能改變誤差的大小。例如儀表刻度的偏差、電源電壓變化等造成的誤差，便屬於系統誤差。

2.偶然誤差偶

然誤差也稱隨機誤差，它是指在相同的條件下，對同一量多次測量時，誤差的數值和符號均以不規則的方式變化的誤差。例如，溫度、電源電壓的頻繁波動等。

3.疏失誤差

疏失誤差也叫粗大誤差或過失誤差，它是指在一定的測量條件下，測量值明顯地偏離真值時的誤差。疏失誤差產生的主觀原因有：測量者的狀態、經驗、操作方法和

責任心等。客觀原因有：測量條件的突然變化。如電源電壓波動、機械衝擊等引起的儀器示值的改變。凡確認是疏失誤差的測量資料應予以刪除。

1.3.2 誤差的表示方法

無論使用何種儀器進行測量時，總會存在誤差。測量結果不可能準確等於真值（即真實大小），而只能是近似值。

（一）絕對誤差

如果 A 表示被測量的真值，測量儀器的示值（標稱值）為 x，於是得到的絕對誤差為

$\Delta_x = x - A$

由於真值 A 通常無法求得，因此常用高一級標準儀器測量的示值 A_1 作為被測量的真值，x 與 A_1 之差為儀器的示值誤差，記為

$\Delta_x = x - A_1$

上式以代數差的形式給出了誤差絕對值的大小和符號，通常稱為絕對誤差。

對於某一被測量，高一級標準儀器的示值減去測量儀器的示值所得的值就叫修正值，一般常用 C 表示。

$C = -\Delta_x = A_1 - x$

修正值的絕對值與絕對誤差 Δx 相等但符號相反。

在測量時，利用示值與已知的修正值相加，即可得到被測量的實際值。

$A = x + C$

例如，用某電壓表 20mV 擋測量電壓的示值為 18mV，若修正值是＋0.05mV，則被測電壓的實際值為：

A＝18mV＋（＋0.05）mV＝18.05mV

（二）相對誤差

相對誤差 γ_A 是絕對誤差與被測實際值之比，用百分比表示，即

$$\gamma_A = \frac{\Delta x}{A} \times 100\%$$

如前例，已知△x＝－C＝0.05mV，A＝18.05mV，故

$$\gamma_A = \frac{0.05}{18.05} \times 100\% = 0.00277 \times 100\% \approx 0.28\%$$

在要求不太嚴格的場合，也可以用儀器示值代替實際值。這時的相對誤差稱為示值相對誤差，用 γ_x 表示

$$\gamma_x = \frac{\Delta x}{x} \times 100\%$$

同前例，已知△x＝0.05mV，x＝18mV，故

$$\gamma_x = \frac{0.05}{18} \times 100\% = 0.00278 \times 100\% \approx 0.28\%$$

用分貝（dB）表示的相對誤差在電子測量儀器中應用廣泛。對於電壓、電流等電參量（Electrical parameter）有：

$$\gamma_{dB} = 20 \lg \left(1 + \frac{\Delta x}{x}\right) \text{ dB}$$

對於功率類電參量有：

$$\gamma_{dB} = 10 \lg \left(1 + \frac{\Delta x}{x}\right) \text{ dB}$$

（三）允許誤差

通常測量儀器的精度用允許誤差表示（又稱極限誤差、最大誤差、滿度相對誤差、引用誤差和容許誤差），它是根據技術條件的要求，規定某一類儀器誤差的最大範圍。一般儀器技術說明書上所表明的誤差，即是指允許誤差。

允許誤差的表示方法既可以用絕對誤差形式，也可以用各種相對誤差形式，或者用兩者結合起來表示。在指標式儀表中，允許誤差就是滿度相對誤差γ_m。

滿度相對誤差是用絕對誤差Δx與儀器的滿度值x_m之比來表示的相對誤差，即

$$\gamma_m = \frac{\Delta x}{x_m} \times 100\%$$

電工儀表正是按γ_m值劃分等級的，例如2.5級的電表，就表明其$\gamma_m \leq \pm 2.5\%$，並在面板上標以2.5的符號。

允許誤差是指某一類儀器不應超出的誤差最大範圍，並不確定指某一台儀器的實際誤差。如有同型號的電壓表，技術說明書給出的容許誤差是±2%，則只能說這種型號電壓表的最大誤差不超過±2%，但並不能由此判斷其中每一台的誤差。

指標式表頭的誤差，主要取決於它的結構和製造精度，而與被測量的大小無關。因此，用滿度相對誤差表示的實際上是絕對誤差與一個常量的比值。中國的電工儀表，按γ_m值分為0.1、0.2、0.5、1.0、1.5、2.5和5七級。

例如，用一隻滿刻度為250V，1.5級的電壓表測量電壓，其最大絕對誤差為250V×（±1.5%）=±3.75V。若表頭的示值為200V，則被測電壓的真值在200±3.75V＝196.25V~203.75V 範圍內；若表頭的示值為 20V，則被測電壓的真值在16.25V~23.75V範圍內。可見，用大量程的儀表測量小示值時誤差很大。

為減小測量誤差，提高測量的準確度，應使被測量的示值出現在接近滿刻度的區域，至少應在滿刻度的$\frac{2}{3}$以上。

1.3.3 資料的處理

通常用數位和圖形兩種形式表示實驗結果。實驗資料的處理就是對測量資料進行計算、分析、整理和歸納，去粗取精、去偽存真，以得出正確的科學結論。

(一)有效數字的正確表示

在測量過程中，應合理地確定測量結果的有效數字的位數。所謂有效數字是指從左邊第一個非零的數字開始，直到右邊最後一個數位為止的所有數位。「0」在一個數中，可能是有效數字，也可能不是有效數字。例如 0.06030MHz，「6」前面的兩個「0」不是有效數字，中間及末尾的「0」都是有效數字。因為當轉換成另一單位時，它可能就不存在了，例如將上例變換為 60.30kHz 後，前面的「0」就沒有了。

數字尾部的「0」很重要。60.30 表示測量結果精確到百分位，而 60.3 則表示精確到十分位。因此，整理測量資料時應有嚴格、統一的標準。

有效數字不因選用的單位變化而改變，例如 8.05V，它的有效數字為 3 位，若改用 mV 為單位，則變為 8050mV，有效數字就變成了 4 位元，所以當單位改變後應寫為 8.05×10^3mV，這時它的有效數字仍是 3 位。

決定有效數字位元數的根據是誤差。並非位數越多精度越高，多寫位數沒有意義，是誇大了測量準確度；少記位數將帶來附加誤差。對測量結果有效數字的處理原則是：根據測量的準確度來確定有效數字的位數（允許保留一位元欠准數位），再根據捨入規則將有效位元以後的數位作捨入處理。

例如，某電壓測量值為 8.471V，若測量誤差為＋0.05V，則該值應改為 8.47V，取 3 位有效數字即可。有效數字的位數與小數點的位置無關，與所採用的單位也無關，僅由誤差的大小決定。

(二)測量資料的捨入

由於測量資料是近似值，因此要進行資料的捨入處理。

資料的處理現在通常採用「四捨五入」規則。當第 N＋1 位是小於 5 的數時，捨掉第 N＋1 位元及其後面的所有數字；當第 N＋1 位是大於 5 的數時，捨掉第 N＋1

位元及其後面的所有數字的同時第 N 位元加 1。由於 5 是 1~9 的中間數位，對於數位 5 應當有捨有入。所以在測量技術中規定：「小於 5 捨，大於 5 入，等於 5 時採用偶數法則。」即以保留數字的末位元為基準，它後面的數大於 5 時末位元數字加 1，小於 5 時捨去；恰好等於 5 時，將末位湊成偶數，即末位原為奇數時加 1，原為偶數時不加。

例：將下列數位保留三位元

18.34→18.3（因為 4＜5）

18.36→18.4（因為 6＞5）

18.35→18.4（因為 3 是奇數，5 入）

18.45→18.4（因為 4 是偶數，5 捨）

當捨入次數足夠多時，因末位元數位為奇數和偶數的概率相同，故捨和入的概率也相同，從而使捨入誤差相互抵消。

由上述可見，每個資料經捨入後，末位元都是欠准數字，末位元以前的數位是準確數位。即最後一位元數字有「0.5」的誤差，稱為「0.5 誤差原則」。

（三）有效數字的運算

當需要對 N 個測量結果進行運算時，有效數字的精度和保留原則上取決於誤差最大的那一項。

（1）加、減運算。應先將各資料小數點後的位元數處理成與小數點後有效數字位元數最少的資料相同後再進行計算。要儘量避免兩個相近數的相減，非減不可，要多取幾位有效數值。

（2）乘、除運算。應先將各資料處理成與有效數字位元數最少的資料相同或多一位元後再進行計算。運算結果的有效數字位數也應處理成與有效數字位元數最少的資料相同。同時注意：在乘、除運算中，有效數字的取捨與小數點無關。

（3）乘方與開方運算。運算結果應比原資料多保留一位元有效數字。

（4）對數運算。取對數前後的有效數字位數應相等。

（四）測量結果的圖解分析資料

測量結果除了用資料表示外，還常用各種曲線表示。即被測量隨某一個或幾個因素變化的規律用相應的曲線表示出來。用曲線表示測量結果的優點是形象和直觀。通過對曲線的形狀、特徵和變化趨勢的分析研究可以對未被認識的現象作出某些預測。

要作出一條符合客觀規律、反映實驗結果真實情況的曲線應注意以下幾點：

（1）合理選用坐標系。最常用的是直角坐標系，也有用極坐標系或其他坐標系的。

（2）合理選擇座標分度。如分度過大，就可能反映不出曲線變化的細微特徵；縱、橫坐標之間的比例要適當，要標明座標名稱和單位。

（3）合理選擇測量點。引數取值的兩個端點，因變數變化的最大值和最小值點都必須測出來；此外，在曲線變化劇烈的部分應多取幾個測試點，在曲線變化平坦的部分可少取測試點。

（4）準確標記各測試點。在同一坐標系中作不同曲線時應採用不同的符號進行標記，避免相互混淆。

（5）將各測試點用線連起來。

（6）修勻曲線。由於測量過程中各種誤差的影響，將各測試點連起來所得到的曲線通常都是不光滑的，需要進行修勻以減小誤差的影響。修勻曲線通常採用直覺法和分組平均法兩種方法。直覺法是在精度要求不高或測量點離散程度不大時，用曲線板、直尺等憑感覺修勻曲線。作圖時不要求曲線經過每一個測試點，而是從總體上看曲線盡可能靠近各資料點，且各資料點均勻地、隨機地分佈在曲線的兩側，並且曲線

是光滑的。分組平均法是把各資料點分成若干組,每組 2~4 個資料點,每組點數可以不相等,然後分別估取各組資料的幾何重心,再把這些重心點連接起來。

如圖 1-1-3 所示,將資料點 1,2 為一組,其重心為 a 點;點 3,4 為一組,其重心為 b 點;點 5,6,7 為一組,重心為 c 點;點 8,9 為一組,重心為 d 點;點 10,11,12 為一組,重心為 e 點。將 a~e 點連接起來,稍作平滑,即為所求曲線。由圖可見,重心點基本在平滑線上,這樣就可以減小繪製曲線時的人為誤差。

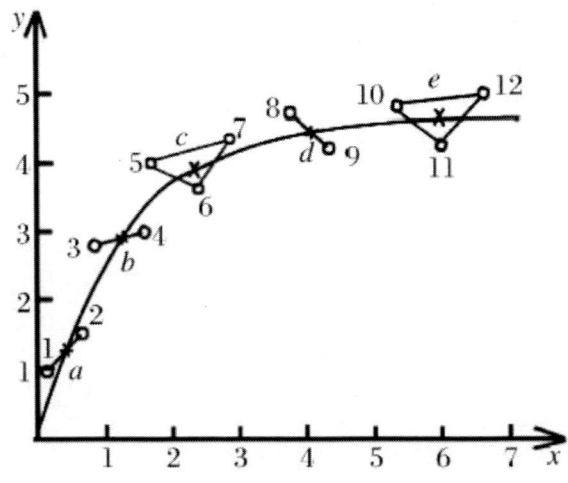

圖 1-1-3 用分組平均法修勻曲線

第二章　電路的基本概念與基本定律

實驗一　電路元件的伏安特性

一、實驗目的

1. 瞭解電源內阻對伏安特性的影響以及電壓源與電流源等效交換的條件。

2. 掌握電阻元件和直流電源的伏安特性及其測試方法。

3. 掌握電流表、電壓表的使用方法。

二、實驗原理

獨立電源和電阻元件的伏安特性可以用電壓表、電流表測定，稱為伏安測量法（簡稱伏安法），其原理簡單，測量方便，同時適用於非線性元件伏安特性的測定。在實際測量時，儀表的內阻會影響到測量結果，因此，測量時需注意將儀表合理地接入測試電路中。

（一）理想電壓源與實際電壓源的伏安特性

理想電壓源的端電壓 $U_S(t)$ 是確定的時間函數，而與流過電源的電流大小無關。如果 $U_S(t)$ 不隨時間變化（即為常數），則該電壓源稱為直流理想電壓源 U_S，其伏安特性如圖 2-1-1 中線 a 所示，實際電壓源的特性曲線如圖 2-1-1 中線 b 所示，實際電壓源可以用一個理想電壓源 U_S 和電阻 R_S 相串聯的電路模型來表示（如圖 2-1-2）。其中，R_S 越大，圖 2-1-1 中的角 θ 也越大，其正切的絕對值代表實際電源的內阻 R_S。

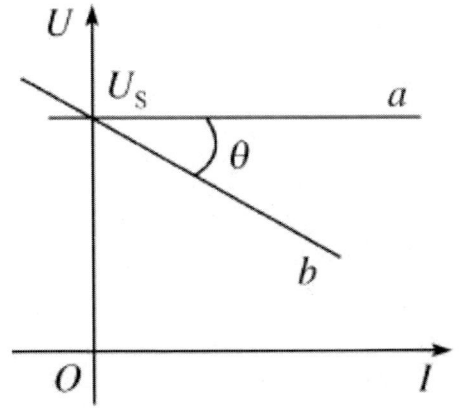

圖 2-1-1 電壓源伏安特性曲線

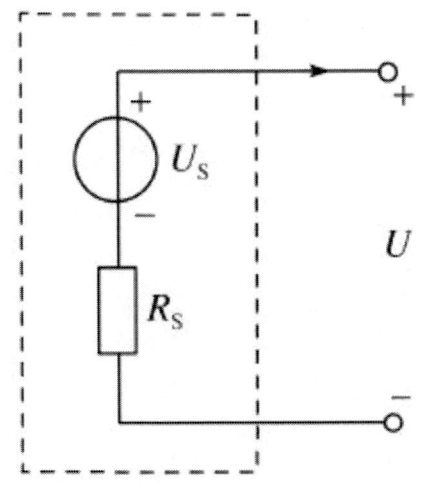

圖 2-1-2 實際電壓源原理圖

（二）理想電流源與實際電流源的伏安特性

　　理想電流源向負載提供的電流 $I_S(t)$ 是確定的函數，與電源的端電壓大小無關。如果 $I_S(t)$ 不隨時間變化（即為常數），則該電流源為直流理想電流源 I_S，其伏安特性曲線如圖 2-1-3 線 a 所示。實際電源的伏安特性曲線如圖 2-1-3 線 b 所示，它可以用一個理想電流源 I_S 和電導 G_S 相並聯的電路模型來表示，如圖 2-1-4。顯然，G_S 越大，圖 2-1-3 中的角 θ 也越大，其正切的絕對值代表實際電源的電導值 G_S。

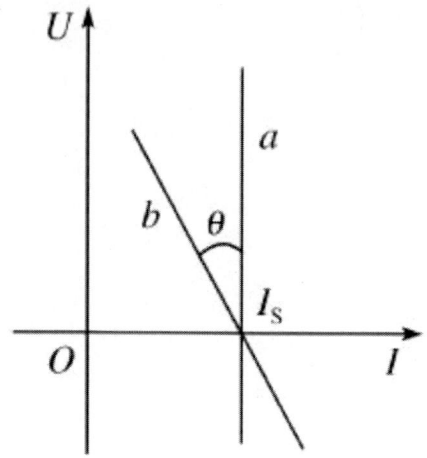

圖 2-1-3 電流源伏安特性曲線

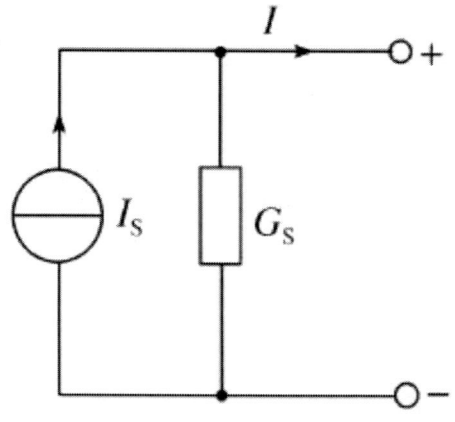

圖 2-1-4 實際電流原理圖

（三）線性電阻元件的伏安特性

　　線性電阻元件是電路分析中最常見的元件之一，它的特性可以用該元件兩端的電壓 U 與流過元件的電流 I 的關係（即歐姆定律）來表示：

　　當 U 與 I 的參考方向一致時，U＝RI

　　當 U 與 I 的參考方向不一致時，U＝－RI

線性電阻元件的伏安特性為一條通過座標原點的直線,如圖 2-1-5 所示。

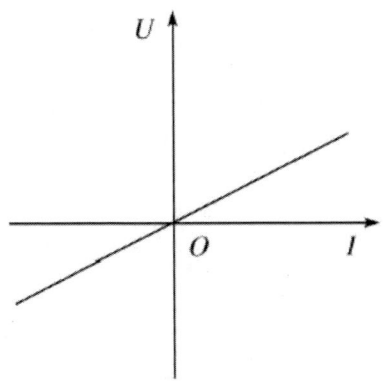

圖 2-1-5 線性電阻伏安特性曲線

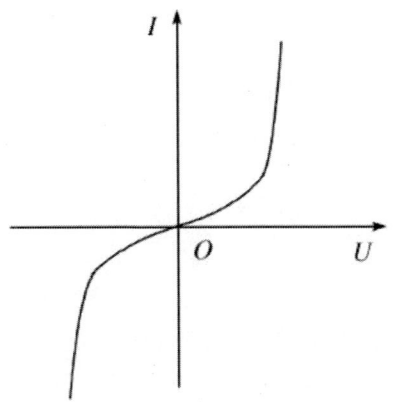

圖 2-1-6 晶體二極管的伏安特性曲線

直線表明:線性電阻的端電壓 U 與通過元件的電流 I 成正比,比例係數 R 是個常數,這也說明了線性電阻元件是雙向元件。

(四)非線性電阻元件的伏安特性

非線性電阻元件的電壓、電流關係,不能用歐姆定律來表示,它的伏安特性一般為一曲線。圖 2-1-6 給出的是一般晶體二極管的伏安特性曲線。晶體二極管是一種非

對稱性元件，由於其單向導電性，它是一種非雙向性元件。在實驗中，一定要注意二極體的正負極性。

三、實驗儀器

1.直流穩壓電源1台

2.直流穩流源1台

3.數位萬用電表1台

4.電阻、二極體若干

四、預習要求

1.預習電阻元件和電流電源伏安特性的測定方法。

2.熟悉直流電壓表和直流電流表的使用方法。

3.利用 Multisim9.0 軟體，完成下列模擬實驗。

（1）電路圖 2-1-7 中，取電位器 R 為 1kΩ，R_S 為 0。接通電源模擬後，隨著電位器 R 的值的變化，觀察相應的電壓值和電流值的變化，根據模擬的結果，記錄入下表 2-1-1 對應的表格中。

（2）電路圖 2-1-7 中，取電位器 R 為 1kΩ，RS 為 100Ω。接通電源模擬後，調節電位器 R 的值，隨著電位器 R 的阻值的變化，觀察相應的電壓和電流值的變化，根據模擬的結果，記錄入下表 2-1-1 對應的表格中。

表 2-1-1　電壓源的伏安特性

R_S＝0	R（Ω）	1000	500	300	200	100
（理想電壓源）	U（V					
	I（mA）					
R_S＝100Ω	R（Ω）	1000	500	300	200	100

（實際電壓源）	U（V）				
	I（mA）				

4.從上面模擬得出的資料中，簡要說明內阻對電壓源伏安特性的影響。

五、實驗步驟

（一）電壓源伏安特性的測量

調節直流穩壓電源 $U_S=10V$，按圖 2-1-7 所示電路圖接線。調節 R 的值，讀取相應的電壓值和電流值記入表 2-1-2 中。

其中，當 $R_S=0$ 時，為理想電壓源。當 $R_S=100\Omega$ 時，為實際電壓源。

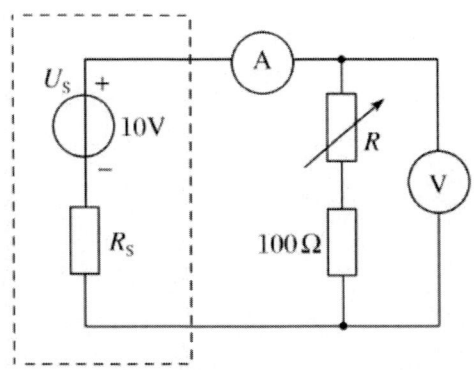

圖 2-1-7 電壓源伏安特性測量電路

表 2-1-2 電壓源的伏安特性

$R_S=0$	R（Ω）	1000	500	300	200	100
（理想電壓源）	U（V）					
	I（mA）					
$R_S=100\Omega$	R（Ω）	1000	500	300	200	100
（實際電壓源）	U（V）					
	I（mA）					

（二）電流源伏安特性的測量

調節直流穩壓電源 I_S＝10mA，按圖 2-1-8 所示電路圖接線。調節 R 的值，讀取相應的電壓值和電流值記入表 2-1-3 中。

其中，當 R_S＝∞時，為理想電流源。當 R_S＝100Ω時，為實際電流源。

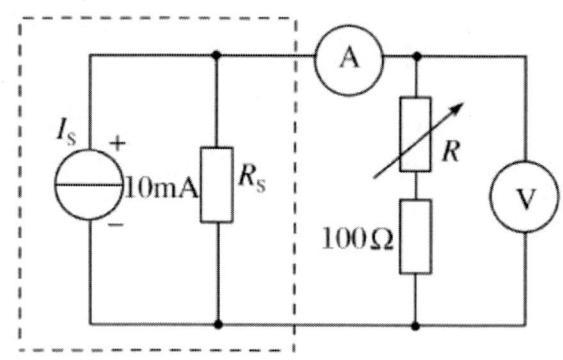

圖 2-1-8 電流源伏安特性測量電路

表 2-1-3　電流源的伏安特性

R_S＝0Ω	R（Ω）	1000	500	300	200	100
（理想電壓源）	U（V）					
	I（mA）					
R_S＝100Ω	R（Ω）	1000	500	300	200	100
（實際電壓源）	U（V）					
	I（mA）					

（三）線性電阻伏安特性的測量

按圖 2-1-9 接線，調節直流穩壓電源的電壓 US，測定相應的電流值和電壓值記入表 2-1-4 中。

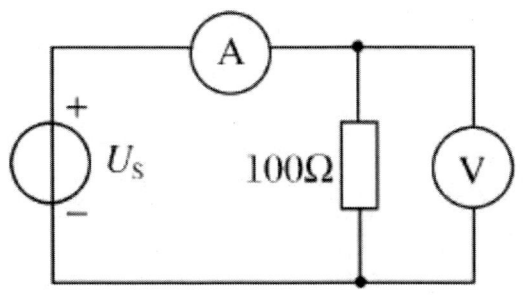

圖 2-1-9 線性電組伏安特性測量電路

表 2-1-4　線性電阻的伏安特性

U$_S$（V）	1	3	5	10	12	15
I（mA）	1/100					
U（V）	1					

（四）二極體伏安特性的測量

自擬表格記錄實驗資料，用座標紙作 2AP 型二極體的正向及反向伏安特性曲線。因正、反向電壓電流相差很大，作圖時可選用不同單位。

在測二極體正向電流時，實驗中應注意二極體端電壓在 0~0.7V 之間，其中電流不超過 20mA。

六、實驗報告

1.根據表 2-1-2，表 2-1-3 所測得的資料，在座標紙上按比例分別畫出電壓源和電流源的伏安特性曲線，並說明電源內阻對伏安特性的影響。

2.根據表 2-1-4 所測得的資料，在座標紙上按比例畫出線性電阻的伏安特性曲線。

3.根據實驗內容（四），測得二極體伏安特性的相關的資料，在座標紙上按比例畫出晶體二極管的伏安特性曲線。

4.回答下列問題：

（1）一個有內阻的電源，在什麼情況下可看作理想電壓源？在什麼情況下可看作理想電流源？

（2）若要用量程為 2.5V，內阻 20kΩ的電壓表和量程為 250mA，內阻為 400Ω的電流表測定阻值約為 400Ω、4kΩ和 40kΩ的三隻電阻，試確定其電表的連接方式，並畫出電路圖。

七、實驗現象

1.測量電壓源伏安特性時，觀察理想電壓源和實際電壓源中，隨著電阻 R 的改變，電流和電壓的變化規律。

2.測量電流源伏安特性時，觀察理想電流源和實際電流源中，隨著電阻 R 的改變，電流和電壓的變化規律。

3.測量線性電阻伏安特性時，觀察隨著電源電壓 U_S 的改變，電流和電壓的變化規律。

八、注意事項

1.為保護直流穩壓電源，接通或斷開電源前均需先使其輸出為零；對輸出調節旋鈕的調節必須輕而緩慢。

2.測定 2AP 型鍺二極體的正、反向伏安特性曲線時，注意正向電流不要超過 20mA，反向電壓不要超過 25V。

實驗二　克希荷夫定律和疊加原理

一、實驗目的

1.用實驗資料驗證克希荷夫定律（Kirchhoff Circuit Laws）和疊加原理。

2.加深對克希荷夫定律和疊加原理的內容和適用範圍的理解。

二、實驗原理

（一）克希荷夫定律是集總電路的基本定律

克希荷夫定律包括電流定律和電壓定律。

1.克希荷夫電流定律（簡稱 KCL）是：任一時刻，流入電路任一節點的電流總和等於從該節點流出的電流總和。換句話說就是在任一時刻，流入電路任一節點的電流的代數和為零，即$\sum_{k=1}^{n} I_k = 0$。運用這條定律時必須注意電流的參考方向。

如圖 2-2-1 所示，電路中某一節點 b，共有三條支路與它相連，設三個電流的參考方向均為流入為正，則根據克希荷夫定律可以得出：

I₁＋I₂－I₃＝0

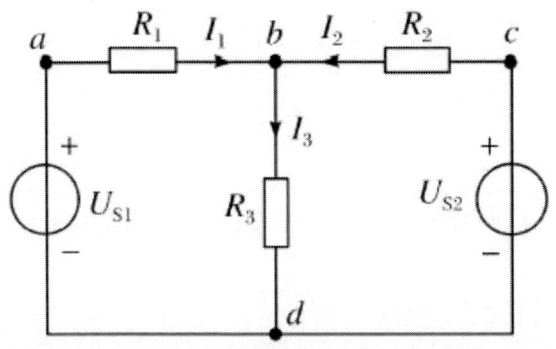

圖 2-2-1 克希荷夫電流定律電路圖

克希荷夫電流定律的推廣：克希荷夫電流定律通常應用於節點，但也可以應用於包圍部分電路的任一假設的閉合面。在任一瞬間，通過任一閉合面的電流的代數和恒為零或者說在任一瞬間，流入某一閉合面的電流之和應該等於由閉合面流出的電流之和。

2.克希荷夫電壓定律（簡稱 KVL）：在任一時刻，沿閉合回路迴圈方向（順時針方向或逆時針方向）電壓的代數和總等於零，即為 $\sum_{k=1}^{n} U_k = 0$。

如圖 2-2-2 所示，電路中 U_1、U_2、U_3、U_4 構成一個回路，從 b 點出發，依照虛線所示方向循行一周（即逆時針方向），根據克希荷夫電壓定律即可得出：

$U_2 - U_3 + U_4 - U_1 = 0$

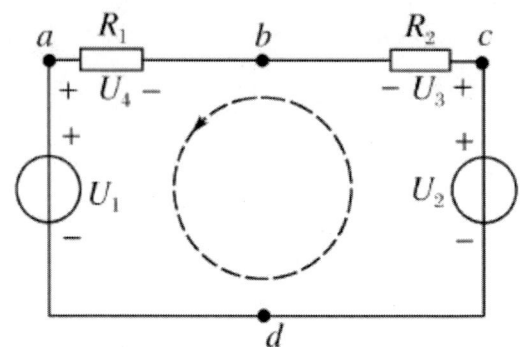

圖 2-2-2 克希荷夫電壓定律電路圖

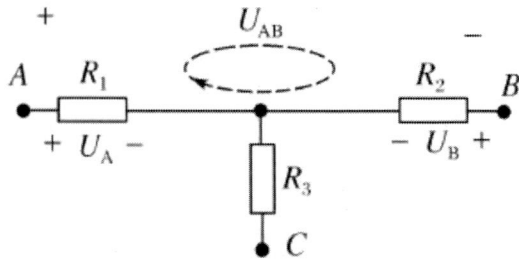

圖 2-2-3 克希荷夫電壓定律推廣電路圖

克希荷夫電壓定律的推廣：克希荷夫電壓定律不僅可以應用於回路，也可以推廣應用於回路的部分電路，在如圖 2-2-3 所示的電路中，U_A、U_B、AB 間的端電壓 U_{AB} 構成一個回路，此回路也可應用克希荷夫電壓定律，即有：$U_A - U_B - U_{AB} = 0$。

（二）疊加原理

疊加原理指出：在有多個獨立源共同作用下的線性電路中，通過每一個元件的電流或其兩端的電壓，都可以看成是由每一個獨立源單獨作用時在該元件上所產生的電流或電壓的代數和。

三、實驗儀器

1.直流穩壓電源 1 台

2.直流數位電壓表 1 台

3.直流數位毫安培表 1 台

4.實驗台 1 套

四、預習要求

1.複習克希荷夫定律和疊加原理的相關知識，結合理論知識理解實驗內容。

2.複習本次實驗所要用到的儀器的使用方法。

3.根據圖 2-2-4 的電路參數，計算出待測的電流 I_1、I_2、I_3 和各電阻兩端的電壓值，記入表 2-2-3 的計算值中，以便實際測量時可正確地選定毫安培表和電壓表的量程。

4.利用 Multisim9.0 軟體，完成下列模擬實驗。

（1）電路圖 2-2-1 中，取 $R_1=200\Omega$，$R_2=300\Omega$，$R_3=510\Omega$，兩個電壓源 $U_{S1}=10V$，$U_{S2}=6V$。接通電源模擬後，測得電流 I_1、I_2、I_3 的值，根據模擬的結果，記入表 2-2-1 中。

表 2-2-1　克希荷夫電流定律的驗證

測量項目　　支路電流	I_1	I_2	I_3	結點 b 的電流和
測量項目				

（2）電路圖 2-2-2 中，取 $R_1=200\Omega$，$R_2=300\Omega$，$R_3=510\Omega$，兩個電壓源 $U_{S1}=10V$，$U_{S2}=6V$。接通電源模擬後，測得 R_1 上的電壓 U_1，R_2 上的電壓 U_2，R_3 上的電壓 U_3 的值，根據模擬的結果，記入表 2-2-2 中。

表 2-2-2 克希荷夫電壓定律的驗證

回路電壓 測量項目	回路 bda			回路 bdc				回路
	U_{bd}	U_{da}	U_{ab}	$U_{bd}+U_{da}$ $+U_{ab}$	U_{bd}	U_{dc}	U_{cb}	$U_{bd}+U_{dc}+$ U_{cb}	abcda
測量值									

5.從上面模擬得出的資料中，簡要說明克希荷夫定律。

五、實驗步驟

（一）克希荷夫定律的驗證

按圖 2-2-4 接線，其中，C_1、C_2、C_3 是電流插口，K_1、K_2 是雙刀雙擲開關。開關 K_1、K_2 合向內側，線路短路；開關 K_1、K_2 合向外側，接通電源。

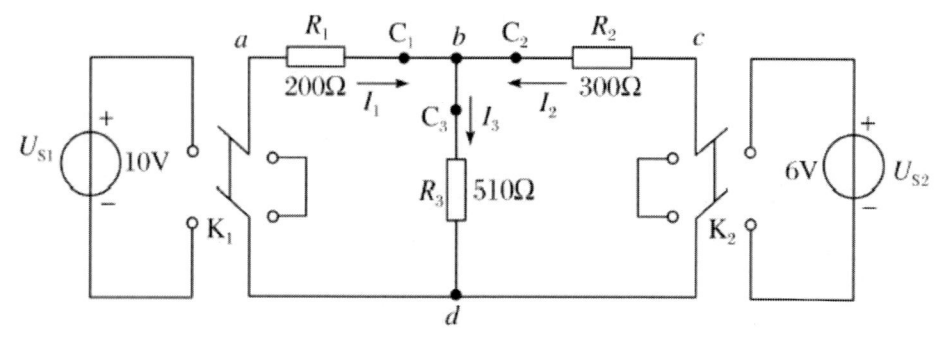

圖 2-2-4 克希荷夫定律的驗證

1.克希荷夫電流定律的驗證

先將開關 K1、K2 合向內側（即線路短路），調節穩壓電源，使 $U_S·=10V$，$U_S·=6V$，再把開關 K_1、K_2 合向外側（即接通電源）。測得各支路電流，將資料記入表 2-2-3 中。

表 2-2-3　克希荷夫電流定律的驗證

測量項目	支路電流	I_1	I_2	I_3	結點 b 的電流和
測量值					
計算值					

2.克希荷夫電壓定律的驗證

　　保持上面的電路不變，電壓的參考方向取電流的關聯方向。測得各點電壓，將資料記入表 2-2-4 中。

表 2-2-4　克希荷夫電壓定律的驗證

測量項目	回路電壓	回路 bda			回路 bdc			回路 abcda
		U_{bd}	U_{da}	U_{ab}	$U_{bd}+U_{da}+U_{ab}$	U_{bd}	U_{dc}	U_{cb}	$U_{bd}+U_{dc}+U_{cb}$	
測量值										
計算值										

（二）疊加原理的驗證

　　實驗電路圖如圖 2-2-4。

1.令 U_S 電源單獨作用：

　　把 K_2 擲向內側（即短路線一邊），K_1 擲向外側（即接通電源），測量各電流、電壓記錄於表 2-2-5 中。

2.令 $U_{S'}$ 電源單獨作用：

　　把 K_2 擲向外側（即接通電源），K_1 擲向內側（即短路線一邊），測量各電流、電壓記錄於表 2-2-5 中。

3.令 U_S 和 $U_{S'}$ 共同作用：

把 K₂ 擲向外側（即接通電源），K₁ 擲向外側（即接通電源），測量各電流、電壓記錄於表 2-2-5 中。

表 2-2-5　疊加原理的驗證

測量項目　　　　　實驗內容	U$_{S1}$ (V)	U$_{S2}$ (V)	I$_1$ (mA)	I$_2$ (mA)	I$_3$ (mA)	U$_{ab}$ (V)	U$_{bc}$ (V)	U$_{bd}$ (V)
US1 單獨作用								
US2 單獨作用								
US1、US2 共同作用								

六、實驗報告

1.根據實驗資料，選定節點 b，驗證 KCL 的正確性。

2.根據實驗資料，選定實驗電路中的任一個閉合回路，驗證 KVL 的正確性。

3.回答下列問題：

（1）根據表格內的實驗結果，分析誤差並解釋原因。

（2）根據實驗結果，進行分析、比較、歸納，最後總結實驗結論。

（3）實驗中，若用指針式萬用電表直流毫安培擋測各支路電流，在什麼情況下可能出現指標反偏，應如何處理？在記錄資料時應注意什麼？若用直流數位毫安培表進行測量時，則會有什麼顯示？

七、實驗現象

1.測量克希荷夫電流定律時，觀察流入電路任一節點（如節點 b）的電流總和與從該節點流出的電流總和之間的關係。

2.測量克希荷夫電壓定律時，觀察沿閉合回路迴圈方向（順時針方向或逆時針方向）電壓的代數和之間的關係。

3.測量疊加原理的實驗時，觀察在有多個獨立源共同作用下的線性電路中，通過每一個元件的電流或其兩端的電壓，與由每一個獨立源單獨作用時在該元件上所產生的電流或電壓的代數和的關係。

八、注意事項

1.所有需要測量的電壓值，均以電壓表測量的讀數為准。U_{S1}、U_{S2}也需測量，不應取電源本身的顯示值。

2.防止穩壓電源兩個輸出端碰線短路。

3.用指標式電壓表或電流表測量電壓或電流時，如果儀表指標反偏，則必須調換儀表極性，重新測量。此時指標正偏，可讀得電壓或電流值。若用數位電壓表或電流表測量，則可直接讀出電壓值或電流值。但應注意：所讀得的電壓值或電流值的正、負號應根據設定的電流參考方向來判斷。

4.用電流表測量各支路電流時，應該注意儀表的極性及表格中「＋」、「－」號的記錄。

實驗三　戴維寧定理及最大功率傳輸定理

一、實驗目的

1.驗證戴維寧定理的正確性，加深對該定理的理解。

2.確定最大功率傳輸條件，加深對最大功率傳輸定理的理解。

3.學習有源線性網路等效參數的測量方法。

二、實驗原理

（一）有源線性網路

　　有源線性網路是指具有兩個出線端並含有電源的部分電路，如圖 2-3-1 所示。有源線性網路可以是簡單電路，也可以是任意複雜電路。但是不論它的簡繁程度如何，它對要計算的這個支路而言，僅相當於一個電源。因此，有源線性網路一定可以化簡為一個等效電源。

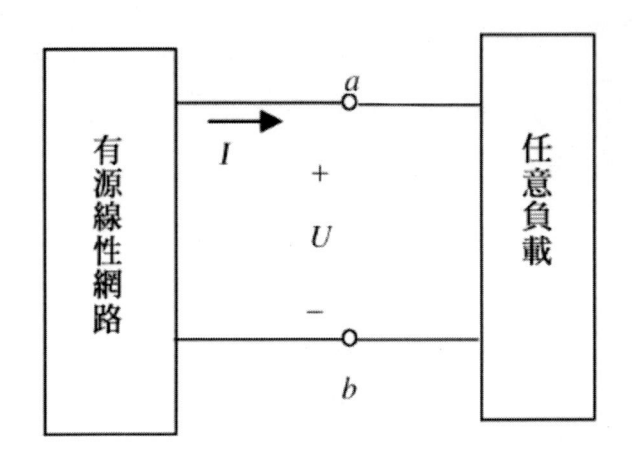

圖 2-3-1　有源線性網路

（二）戴維寧定理

　　一個含獨立源、線性受控源、線性電阻的線性網路，對其兩個端子來說都可等效為一個理想電壓源串聯內阻的模型，如圖 2-3-2 所示。其理想電壓源的數值為有源線性網路的兩個端子間的開路電壓 U_{OC}，串聯的內阻為該網路的內部所有獨立源等於零（理想電壓源短路，理想電流源開路），受控源保留時兩端子間的等效電阻 R_0。

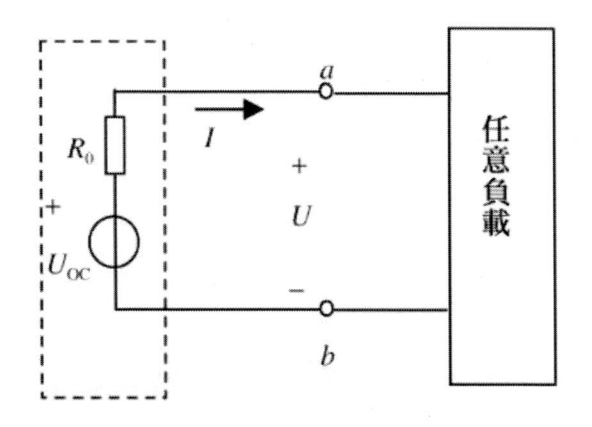

圖 2-3-2 理想電壓源等效電路

（三）最大功率傳輸條件

當有源線性網路等效為理想電壓源的時候，如圖 2-3-3 所示。有源線性網路傳輸給負載的最大功率條件是：負載電阻 R_L 等於線性電路的等效電源內阻 R_0。

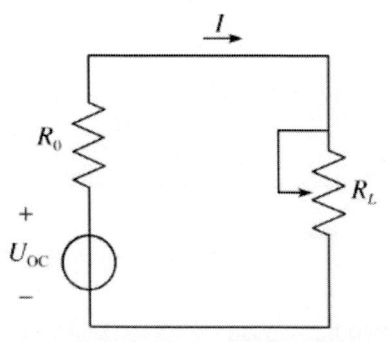

圖 2-3-3 等效電壓源接負載電路

（四）有源線性網路等效電阻的測量方法

對於已知的線性含源一埠網路，其入端等效電阻 R_0 可以從原網路計算得出，也可以通過實驗手段測出。下面介紹幾種測量方法：

1. 開路電壓、短路電流法測 R_0

用開路電壓、短路電流法測定戴維寧等效電路的 U_{OC} 和 R_0

$$R_0 = \frac{U_{OC}}{I_{SC}}$$

因此,只要測出含源一埠網路的開路電壓 U_{OC} 和短路電流 I_{SC},R_0 就可得出,這種方法最簡便。但是,對於不允許將外部電路直接短路的網路(例如有可能因短路電流過大而損壞網路內部的器件時),不能採用此法。

2. 伏安法測 R_0

用電壓表、電流表測出有源線性網路的外特性曲線,如圖 2-3-4 用外特性曲線求出斜率 $\tan\phi$,則內阻:

$$R_0 = \tan\varphi = \frac{\Delta U}{\Delta I} = \frac{U_{OC}}{I_{SC}}$$

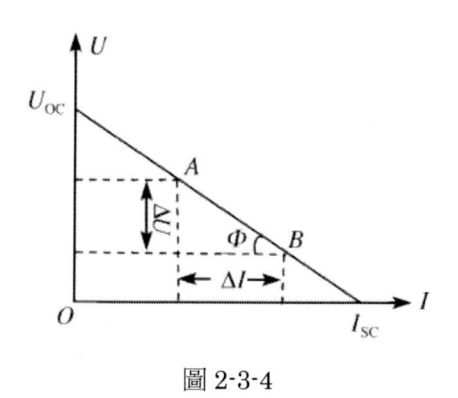

圖 2-3-4

也可以先測量開路電壓 U_{OC},再測量電流為額定值 IN 時的輸出端電壓值 UN,則內阻為:

$$R0 = \frac{U_{OC} - U_N}{I_N}$$

3. 外接已知負載法測 R_0

測出含源一埠網路的開路電壓 U_{OC} 以後,在埠處接一負載電阻 R_L,然後再測出負載電阻的端電壓 U_{RL},因為:

$$U_{RL} = \frac{U_{OC}}{R_0 + R_L} R_L$$

則入端等效電阻為：

$$R_0 = \left(\frac{U_{OC}}{U_{RL}} - 1\right) R_L$$

4. 外加電源法測 R_0

（1）令含源一埠網路中的所有獨立電源置零，然後在埠處加一給定電壓 U，測得流入埠的電流 I〔如圖 2-3-5（a）所示〕，則：

$$R_0 = \frac{U}{I}$$

（2）令含源一埠網路中的所有獨立電源置零，然後在埠處接入電流源 I´，測得埠電壓 U´〔如圖 2-3-5（b）所示〕，則：

$$R_0 = \frac{U´}{I´}$$

圖 2-3-5(a)

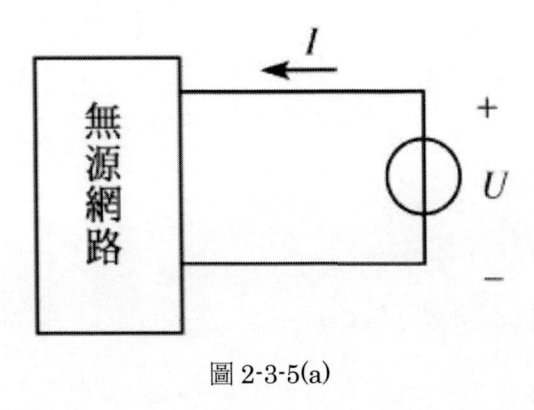

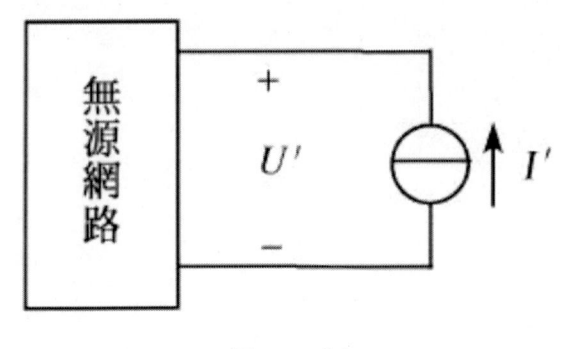

圖 2-3-5(b)

5. 半電壓法測 R0

如圖 2-3-6 所示，當負載電壓為被測網路開路電壓的一半時，負載電阻（由電阻箱的讀數確定）即為被測有源線性網路的等效內阻值。

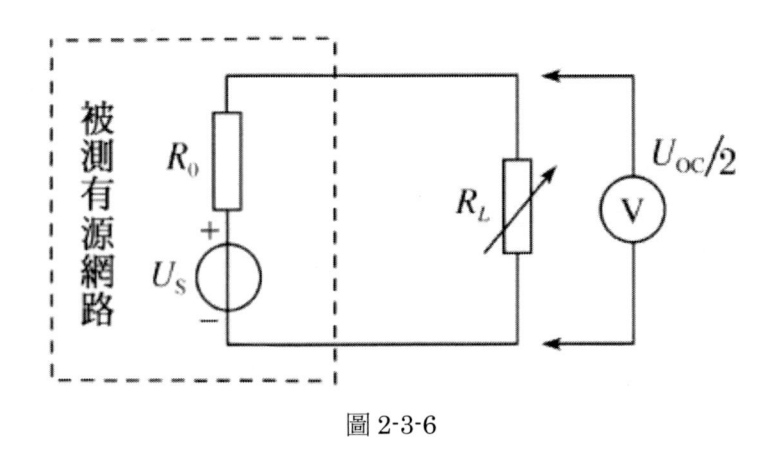

圖 2-3-6

6. 用功率傳輸最大條件測 R_0

一個含有內阻 R_0 的電源給負載 R_L 供電，其功率為：

$$P = I^2 \cdot R_L = \left(\frac{U_{OC}}{R_L + R_0}\right)^2 \cdot R_L$$

為求得 R_L 從電源中獲得最大功率的最佳值，我們可以將功率 P 對 R_L 求導，並令其導數等於零：

$$\frac{dP}{dR_L} = \frac{(R_0+R_L)^2 - 2(R_0+R_L)R_L}{(R_0+R_L)^4} \cdot U_{OC}^2$$

$$= \frac{R_0^2 - R_L^2}{(R_0+R_L)^4} \cdot U_{OC}^2$$

$$= 0$$

解得： $R_L = R_0$

得最大功率：$P_{max} = \left(\frac{U_{OC}}{R_L+R_0}\right)^2 \cdot R_L = \frac{U_{OC}^2}{4R_0}$

即：負載電阻 R_L 從電源中獲得最大功率的條件是負載電阻 R_L 等於電源內阻 R_0。

（五）有源線性網路開路電壓的實驗測量方法

在這裡，我們介紹一種實驗測量有源線性網路開路電壓的方法———零示法測 UOC。

在測量具有高內阻有源線性網路的開路電壓時，用電壓表直接測量會造成較大的誤差。為了消除電壓表內阻的影響，往往採用零示測量法，如圖 2-3-7 所示。

零示法測量原理是用一低內阻的穩壓電源與被測有源線性網路進行比較，當穩壓電源的輸出電壓與有源線性網路的開路電壓相等時，電壓表的讀數將為「0」。然後將電路斷開，測量此時穩壓電源的輸出電壓，即為被測有源線性網路的開路電壓。

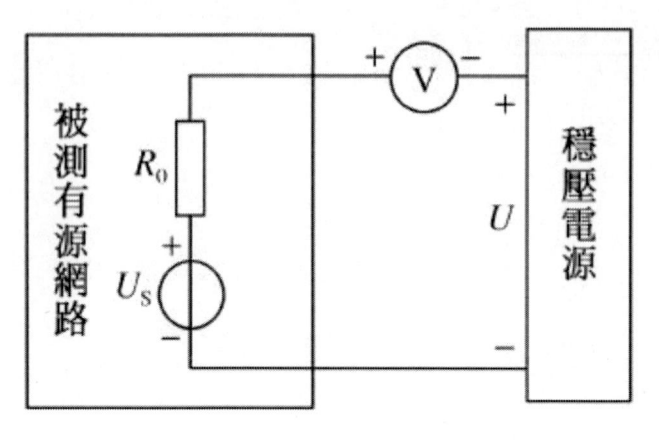

圖 2-3-7

三、實驗儀器

1.穩壓電源 1 台

2.電阻接線板 1 塊

3.萬用電表 1 台

4.功率表 1 台

5.變阻箱 1 個

四、預習要求

（一）有電路如圖 2-3-8 所示，RL 為負載，a－b 為負載支路，完成下列習題。

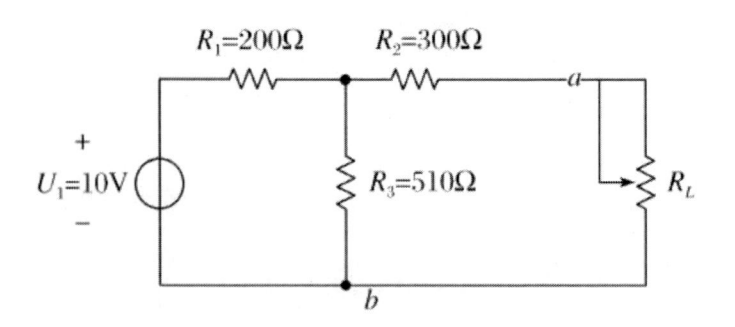

$R_1=200\Omega$ $R_2=300\Omega$ $U_1=10V$ $R_3=510\Omega$ R_L

圖 2-3-8

1.理論計算該有源線性網路的開路電壓 U_{OC}＝_____，等效電阻 R_0＝_____。

2.使用 Multisim9.0 軟體進行模擬實驗。

（1）開、短路法測定 R_0。

測定開路電壓 U_{OC}＝_____，短路電流 I_{SC}＝_____，由此可以計算出 R_0＝_____。

（2）外接已知負載法測定 R_0。

當 R_{L1}＝100Ω 時，開路電壓 U_{OC1}＝_____，負載電阻的端電壓 U_{RL1}＝_____，計算出 R_{01}＝_____；

當 R_{L2}＝200Ω 時，開路電壓 U_{OC2}＝_____，負載電阻的端電壓 U_{RL2}＝_____，計算出 R_{02}＝_____；

當 R_{L3}＝500Ω 時，開路電壓 U_{OC3}＝_____，負載電阻的端電壓 U_{RL3}＝_____，計算出 R_{03}＝_____。

（3）半電壓法測 R_0。

使用半電壓法測 R_0＝_____。

(一)有電路如圖 2-3-9 所示，RL 為負載，a－b 為負載支路，完成下列習題。

圖 2-3-9

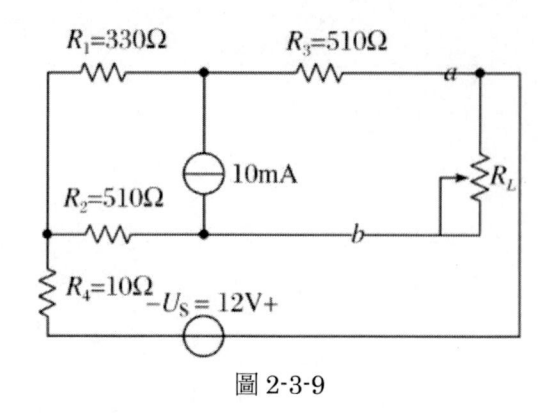

1.理論計算該有源線性網路的開路電壓 U_OC＝_____，等效電阻 R_0＝_____。

2.使用 Multisim9.0 軟體進行模擬實驗。

（1）外加電源法測定 R_0。

外加 U＝12V 的理想電壓源，測定支路電流 I＝_____，由此可以計算出 R_0＝_____。

外加 I´＝20mA 的理想電流源，測定負載電壓 U´＝_____，由此可以計算出 R0´＝_____。

（2）利用功率傳輸最大條件測定 R_0。

改變負載 R_L 的取值（取值自選），測定開路電壓 U_OC1＝_____，最大傳輸功率 P_max＝_____，根據公式計算得到 R_0＝_____。

（3）伏安法測 R0。

使用伏安法測 U_1＝_____，U_2＝_____，ΔU ＝_____；I_1＝_____，I_2＝_____，ΔI ＝_____；則 R_0＝_____。

五、實驗步驟

（一）線性含源線性網路的外特性

按相應實驗設備電路接線，改變負載電阻 RL 值，測量對應的電流和電壓值，資料填在表 2-3-1 內。

根據測量結果，求出對應于戴維寧等效參數 U_{OC}，I_{SC}。

表 2-3-1　線性含源線性網路的外特性

R_L（Ω）	0 短路	100	200	300	500	700	800	∞ 開路
I（mA）								
U（V）								

（二）求等效電阻 R_0

分別利用原理中所介紹的 6 種方法求 R_0，並將結果填入表 2-3-2 中。

表 2-3-2　等效電阻 R_0

方法	方法 1	方法 2	方法 3	方法 4	方法 5	方法 6
R_0（kΩ）						
R_0 的平均值						

（三）戴維寧等效電路

構成戴維寧等效電路如圖 2-3-3 所示，其中 U_{OC} 為戴維寧等效電壓，R_0 為戴維寧等效電阻。

測量其外特性 U＝f（I）。將數據填在表 2-3-3 中。

表 2-3-3

R_L（Ω）	0 短路	100	200	300	500	700	800	∞ 開路
I（mA）								
U（V）								

（四）最大功率傳輸條件

1.根據表 2-3-3 中資料計算並繪製功率隨 RL 變化的曲線：P＝f（RL）。

2.觀察 P＝f（RL）曲線，驗證最大功率傳輸條件是否正確。

六、實驗報告

1.填寫表 2-3-1、表 2-3-3，繪製有源線性網路及等效電路的伏安特性曲線。

2.表述六種方法求等效電阻 R0 的求解過程，並填寫表 2-3-2，比較六種方法所求出的 R0 的取值。如在正常誤差範圍內，則使用平均法計算等效電阻 R0 的取值。

3.繪製戴維寧等效電路中，功率隨 RL 變化的曲線：P＝f（RL）。說明最大功率傳輸條件的正確性。

七、實驗現象

1.有源線性網路的伏安特性與通過戴維寧定理等效的理想電壓源電路的伏安特性相同。

2.當負載電阻與有源線性網路的等效電阻相等時，負載電阻從電源中獲得最大功率。

八、注意事項

調節變阻箱及其他電子儀器的各個旋鈕時，動作不應過快、過猛。

第三章　電路的分析方法

實驗一　電阻電路的等效變換

一、實驗目的

（一）深刻理解等效電阻的概念。

（二）掌握等效電阻的分析方法。

（三）熟練掌握串聯電路和並聯電路的特點。

（四）熟練掌握電阻的 Y 形和 △ 形等效變換。

二、實驗原理

（一）等效電阻的概念

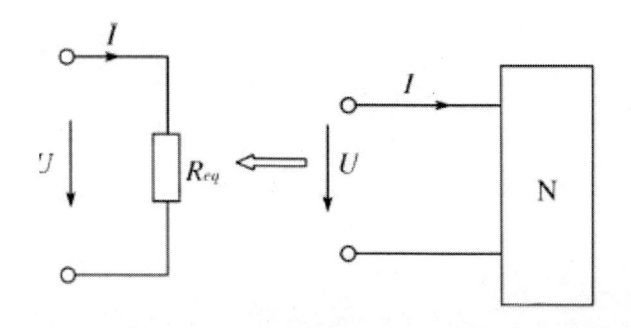

圖 3-1-1

任一無源電阻線性網路，在其二端施加獨立電源 U_S（或 I_S），輸入電流為 I（或 U），此網路可等效為一電阻，稱為等效電阻 R_{eq}，其值為：

$$R_{eq} = \frac{U_S}{I} \quad \text{或} \quad R_{eq} = \frac{U}{I_S}$$

（二）串聯電阻

圖 3-1-2

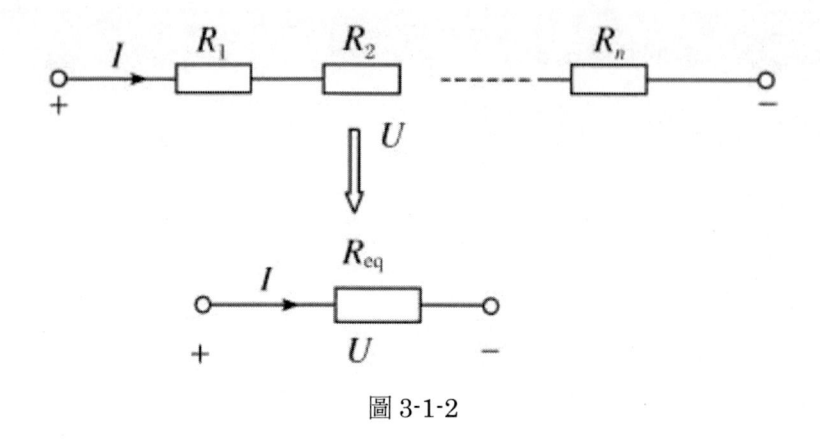

設 n 個電阻串聯

1.特點：流過串聯電阻的電流為同一電流。

2. 等效電阻 $R_{eq}=\frac{U}{I}=\frac{R_1I+R_2I+R_3I+\cdots+R_nI}{I}=R_1+R_2+\cdots+R_n=\sum_{i=1}^{n}R_i$

3.分壓原理

$Uk=\frac{R_k}{R_{eq}}U$

串聯電阻具有分壓作用，電阻越大，分壓越高。

（三）並聯電阻

圖 3-1-3

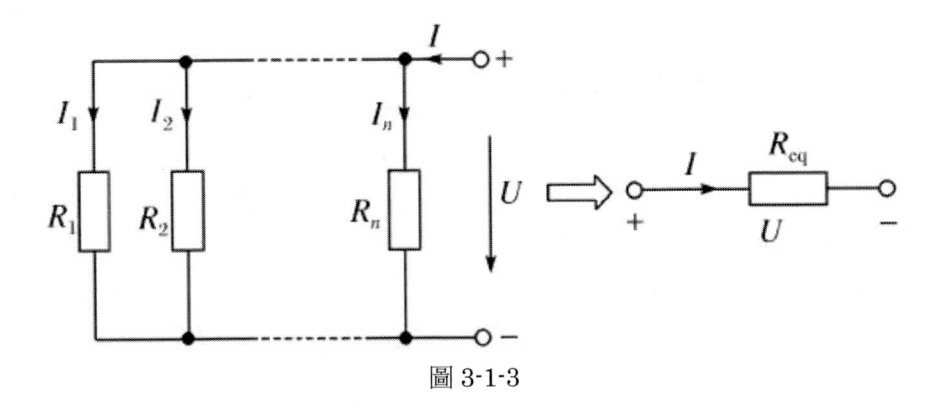

設 n 個電阻並聯

1.特點：並聯電阻承受的電壓為同一電壓。

2.等效電阻 $R_{eq} = \dfrac{U}{I} = \dfrac{U}{\frac{U}{R_1}+\frac{U}{R_2}+\cdots+\frac{U}{R_n}} = \dfrac{1}{\frac{1}{R_1}+\frac{1}{R_2}+\cdots+\frac{1}{R_n}}$

即 $\dfrac{1}{R_{eq}} = \sum_{i=1}^{n} \dfrac{1}{R_i}$

3.分流原理：並聯電阻具有分流作用，如：

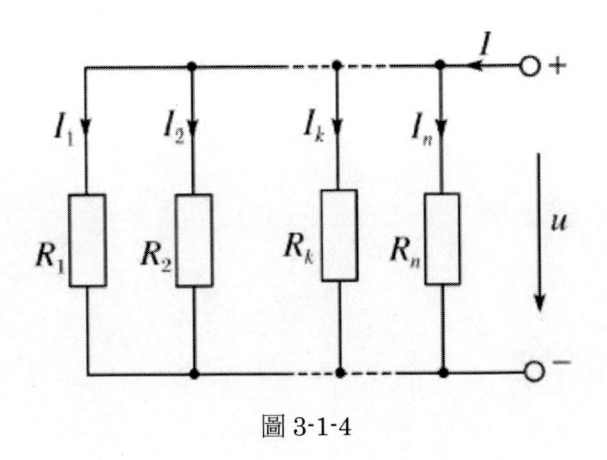

圖 3-1-4

$I_k = \dfrac{U_k}{R_k} = \dfrac{R_{eq}}{R_k} I$

可知電阻 R_k 越大，分流越小，反之 R_k 越小，分流越大。

（四）混聯電路

等效化簡方法：按電阻串聯或並聯關係進行局部化簡後，重新畫出電路，然後再進行簡化，進而逐步化簡為一個等效電阻。

（五）電阻 Y 形連接與△形連接的等效變換

1.電路等效的一般概念：

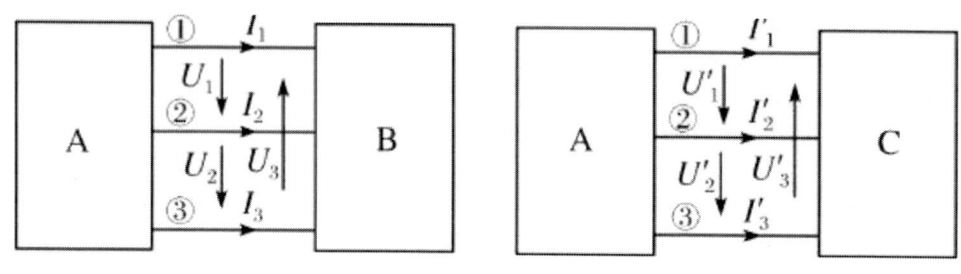

圖 3-1-5

圖中各對應電壓、電流相等時，B 電路與 C 電路等效。

即等效條件為：

$U_1 = U'_1$，$U_2 = U'_2$，$Ii_1 = I'_1$，$Ii_2 = I'_2$

2.基本連接方式

Y 形連接　　　　　　　　　　　△ 形連接

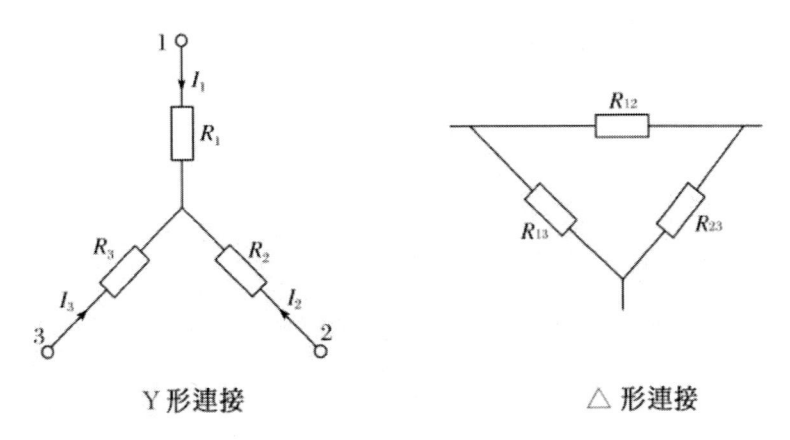

圖 3-1-6

3.Y-△ 等效變換

$$R_{12}=\frac{R_1R_2+R_2R_3+R_3R_1}{R_3},\ R_{23}=\frac{R_1R_2+R_2R_3+R_3R_1}{R_1},\ R_{31}=\frac{R_1R_2+R_2R_3+R_3R_1}{R_2}$$

以上為已知 Y 求△的等效變換公式。

$$R_1=\frac{R_{31}R_{12}}{R_{12}+R_{23}+R_{31}},\ R_2=\frac{R_{12}R_{23}}{R_{12}+R_{23}+R_{31}},\ R_3=\frac{R_{31}R_{23}}{R_{12}+R_{23}+R_{31}}$$

以上為已知△求 Y 的等效變換公式。

三、預習要求

（一）填空

1.如圖 3-1-7 所示電路，$I_S=16.5\text{mA}$，$RS=2\text{k}\Omega$，$R_1=40\text{k}\Omega$，$R_2=10\text{k}\Omega$，$R_3=25\text{k}\Omega$，則電流 $I_1=$＿＿＿＿＿A，$I_2=$＿＿＿＿＿A，$I_3=$＿＿＿＿＿A，並聯電路兩端的電壓為＿V。

2.下圖 3-1-8 所示橋形電路的總電阻 $R_{12}=$＿＿＿＿＿Ω。

圖 3-1-7

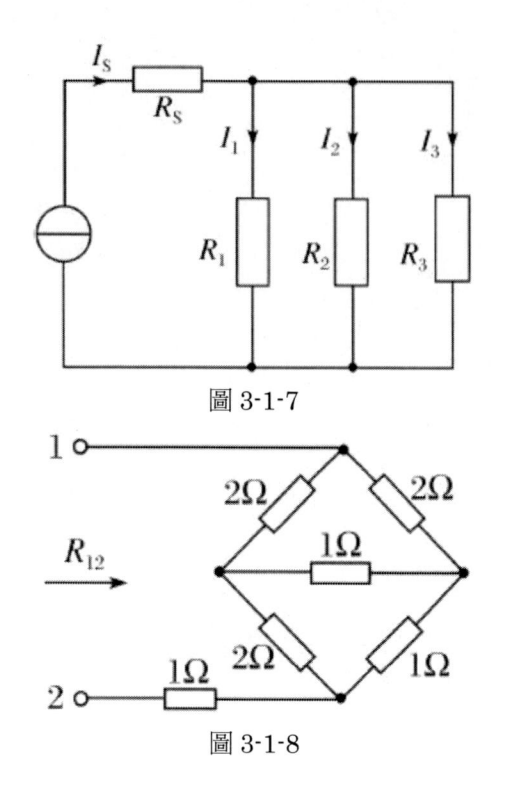

圖 3-1-8

（二）軟體應用

如圖 3-1-7 所示，將電流源 Is 改為電壓源 Us＝10V，試用 Multisim9.0 模擬軟體重做上題。

四、實驗儀器

設備	規格	個數	備註
電阻	100Ω	3個	
	200Ω	1個	
	300Ω	3個	
	500Ω	1個	
電位器	1kΩ	1個	
	10kΩ	1個	
萬用電表		1個	
直流穩壓電源		1個	

五、實驗步驟

（一）串聯電路參數的測量

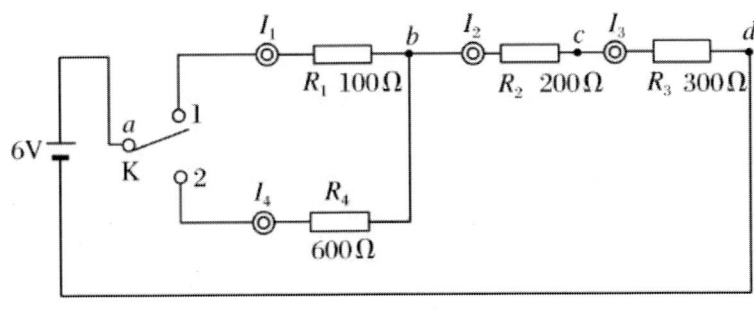

圖 3-1-9

1.按圖 3-1-9 接線，經指導教師檢查後方可接通電源。

2.將 K 合向位置 1，用萬用電表測量電路中的電壓和電流，記錄於表 3-1-1 中。

表 3-1-1

測量值							計算值
U_{ad}	U_{ab}	U_{bc}	U_{cd}	I_1	I_2	I_3	R_{eq}

3.將開關合向位置 2，用萬用電表測量電路中的電壓和電流，記錄於表 3-1-2 中。

表 3-1-2

測量值							計算值
U_{ad}	U_{ab}	U_{bc}	U_{cd}	I_1	I_2	I_3	R_{eq}

4.根據兩表中的資料，分別計算開關 K 在 1、2 兩個位置時電路中的等效電阻，填入表中。

（二）並聯電路參數的測量

圖 3-1-10

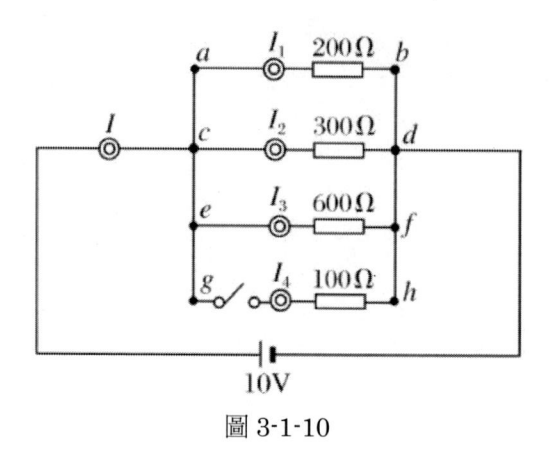

1.按圖 3-1-10 接線，經指導教師檢查後方可接通電源。

2.斷開開關，用萬用電表測量電路中的電壓和電流，記錄於表 3-1-3 中。

表 3-1-3

測量值							計算值
U_{ab}	U_{cd}	U_{ef}	I	I_1	I_2	I_3	R_{eq}

3.合上開關，用萬用電表測量電路中的電壓和電流，記錄於表 3-1-4 中。

表 3-1-4

測量值							計算值
Uab	Ucd	Uef	I	I1	I2	I3	Req

4.根據兩表中的資料，計算開關 K 在打開、合上兩個位置時電路中的等效電阻，填入表中。

（三）電阻的 Y 形連接和 △ 形連接的等效變換

1.如圖 3-1-11 所示，其中 $R_1=200\Omega$、$R_2=500\Omega$、$R_3=300\Omega$、$R_4=600\Omega$、$R_5=100\Omega$，按圖接線，經指導教師檢查後方可接通電源。

2.虛線框內的電阻 R_1、R_2、R_3 為△形連接，分別測量節點 1，2，3 之間的電壓 U_{12}，U_{23}，U_{31} 及流進節點的電流 I_{01}，I_{42}，I_{43}，填入表 3-1-5 中。

3.根據電阻的△形連接變換為 Y 連接的公式，將上述△形連接的電路變換為 Y 形連接，計算圖 3-1-12 所示等效電路中的電阻 R_{12}、R_{23}、R_{31}。

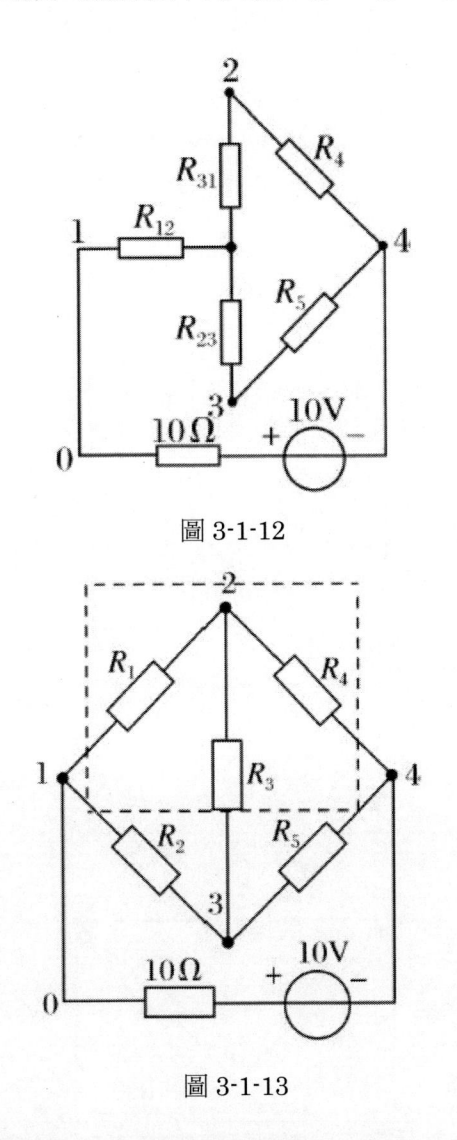

圖 3-1-12

圖 3-1-13

4.按圖 3-1-11 連接電路，並重新測量有關資料，填入表 3-1-5 中。

表 3-1-5

	U_{12}	U_{23}	U_{31}	I_{01}	I_{42}	I_{43}
△連接						
Y 連接						

5.如圖 3-1-13 所示，各電阻的阻值同圖 3-1-11，虛線框內的電阻 R_1、R_3、R_4 為 Y 連接，按圖連接電路，分別測量表 3-1-6 中的資料。

6.根據電阻的 Y 連接變換為△連接的互換公式，將上述 Y 連接的電路變換為△連接，計算如圖 3-1-14 所示電路中的電阻 R_{13}、R_{34}、R_{41}。

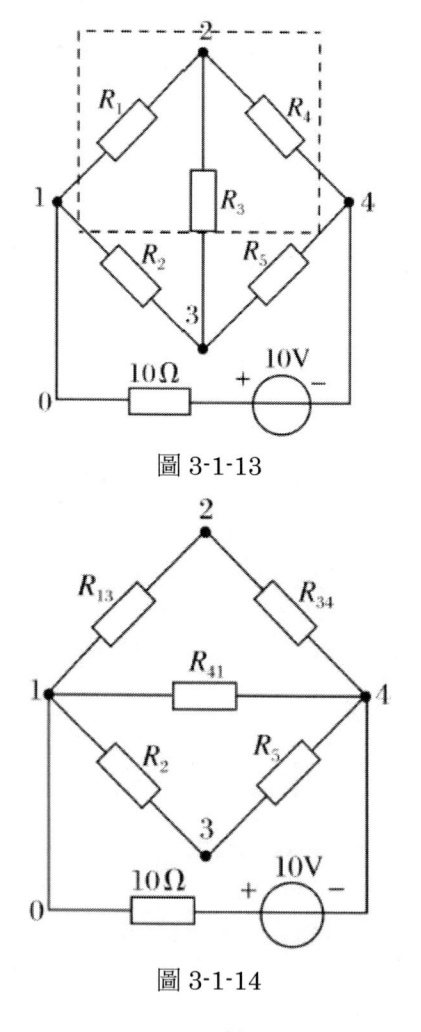

圖 3-1-13

圖 3-1-14

7.按圖 3-1-14 連接電路，分別測量表 3-1-6 中的資料。

表 3-1-6

	U_{12}	U_{24}	U_{41}	I_{12}	I_{24}	I_{41}
△連接						
Y 連接						

8.比較表 3-1-5 和表 3-1-6 中的資料，說明上述電路是否等效？

六、注意事項

1.換接線過程中，必須斷開電源。

2.注意電路中被測電壓和電流的參考方向。

七、實驗要求

1.完成上表中有關資料的測量。

2.比較表 3-1-1 和表 3-1-2 的資料，說明串聯電路有什麼特點？當電路中任一電阻增大時，電路中的總電阻、總電流、總電壓和各個電阻的分電壓有什麼變化？為什麼？

3.比較表 3-1-3 和表 3-1-4 中的資料，說明並聯電路有什麼特點？當電路中任一電阻增大，電路中的總電阻、總電流、總電壓和各個電阻的分電流有什麼變化？為什麼？

4.若 Y 形連接或△形連接的三個電阻都相等，試根據兩者之間的互換公式分別求出它們的等效變換電路電阻。

實驗二　電壓源與電流源等效變換

一、實驗目的

1.加深理解電壓源、電流源的概念。

2.掌握電源外特性的測試方法。

3.驗證電壓源與電流源等效變換的條件。

二、實驗原理

1.電壓源是線性有源元件，可分為理想電壓源與實際電壓源。理想電壓源的端電壓 U 恒等於電動勢，與負載電阻無關。電路圖和外特性曲線如圖 3-2-1（a）所示。實際電壓源（如：電池、發電機、訊號源）都有電動勢和內阻，電路圖如圖 3-2-1（b）所示。實際電壓源的端電壓 U 隨外負載電阻阻值的變化而變化。由 $U = U_S - IR_0$，作出實際電壓源外特性曲線如圖 3-2-1（b）。若電源的內阻遠小於負載電阻，則實際電源可視為理想電壓源。

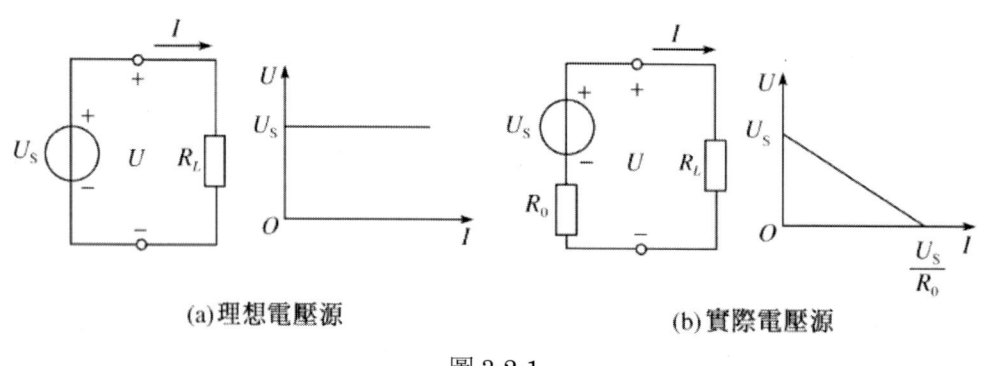

(a)理想電壓源　　(b)實際電壓源

圖 3-2-1

2.電流源也是線性有源元件，可分為理想電流源和實際電流源。理想電流源發出的電流 I_S 是恒定的，不因負載電阻的不同而改變。負載電阻上的電流與電源發出的電流相等。其電路圖和外特性曲線如圖 3-2-2（a）所示。實際電流源可以用一個理想電流源和一個電阻 R_0 並聯來表示，負載電阻上的電流與所聯接的負載電阻有關。當負載電阻增大時，通過負載的電流要降低，負載電阻減小，通過負載的電流增大。其電路圖和外特性曲線如圖 3-2-2（b）所示。

(a) 理想電壓源　　　　　　　　　　　　(b) 實際電壓源

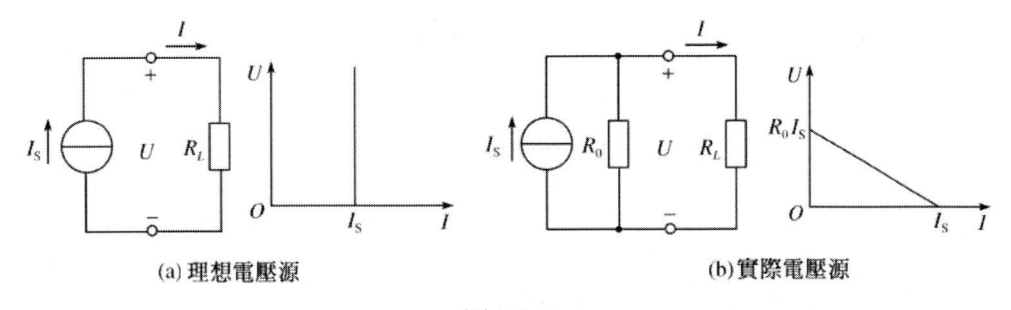

圖 3-2-2

3.實際電壓源與實際電流源的等效變換一個實際電源，就其外部特性來講，可以看作一個電壓源，也可看作一個電流源。若它們向相同的負載提供的電流和端電壓相等，則稱這兩個電源具有相同的外特性，即兩者是等效的（如圖 3-2-3 所示）。實際電壓源與實際電流源的等效變換的條件：$I_S = \frac{U_S}{R_0}$ 或 $U_S = I_S R_0$。

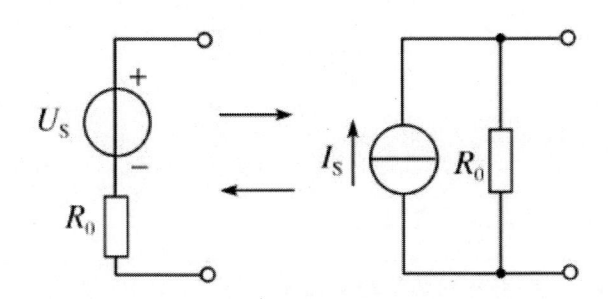

圖 3-2-3

三、實驗設備

序號	名稱	型號與規格	數量
1	可調直流恒流源	0~30V	1
2	可調直流恒流源	0~500mA	1
3	電位器	1kΩ	1
4	電阻	200Ω、300Ω、510Ω、1kΩ	1
5	直流數位電壓表	0~200V	1
6	直流數位毫安培表	0~2000mA	1
7	萬用電表		1

四、預習要求

1.複習理想電壓源和實際電壓源的外特性及理想電流源和實際電流源的外特性。直流穩壓電源的輸出端為什麼不允許短路？直流恒流源的輸出端為什麼不允許開路？

2.實際電壓源與電流源的外特性為什麼呈下降變化趨勢？下降的快慢受哪個參數影響？

3.完成下列填空題

（1）實際電壓源和實際電流源等效變換的條件_____：和_____。

（2）實際電壓源和實際電流源等效變換只對_____電路而言，對_____電路則是不等效的。

4.利用 Multisim9.0 軟體，完成下列模擬實驗：

（1）測試理想電流源的伏安特性。

（2）測試實際電流源的伏安特性。

（3）實際電壓源和實際電流源的等效變換。

五、實驗內容

1.測試理想電流源和實際電流源的外特性

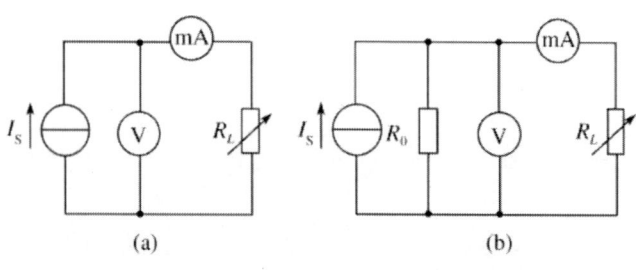

圖 3-2-4

（1）按圖 3-2-4（a）接線，調節恒流源輸出，使 I_S 為 10mA，R_L 使用 1kΩ 電位器（或用實驗台掛板上的定值電阻 200Ω，300Ω，510Ω，1kΩ）。改變 R_L 的值，記錄兩表的讀數填入表 3-2-1 中。

表 3-2-1　理想電流源的外特性

R_L（Ω）	0	200	300	510	1k
I（mA）					
U（V）					

（2）按圖 3-2-4（b）接線，R0＝1kΩ，改變 RL 的值，記錄兩表的讀數填入表 3-2-2 中。

表 3-2-2　實際電流源的外特性

R_L（Ω）	0	200	300	510	1k
I（mA）					
U（V）					

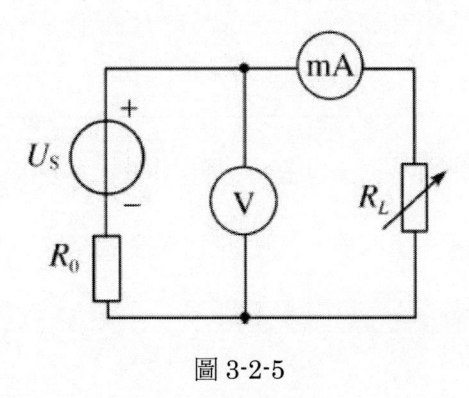

2.實際電壓源與實際電流源的等效變換

根據等效變換條件，將圖 3-2-4（b）的實際電流源等效變換為實際電壓源，如圖 3-2-5 所示。其中 $U_S＝I_S R_0＝10mA×1kΩ＝10V$，內阻 $R_0＝1kΩ$，改變 R_L 的值，記錄兩表讀數，填入表 3-2-3 中，並與實際電流源的資料相比較，驗證等效變換條件的正確性。

圖 3-2-5

表 3-2-3　實際電壓源與實際電流源的等效變換

R_L（Ω）	0	200	300	510	1k
I（mA）					
U（V）					

六、實驗報告

1.根據測試資料繪出理想電流源、實際電流源和實際電壓源的伏安特性曲線。

2.比較實際電流源和等效變換的實際電壓源對外電路的電壓和電流，寫出驗證結果，分析實驗誤差產生的原因。

七、實驗現象

實際電流源和等效變換的實際電壓源對外電路的電壓和電流近似對應相等。

八、注意事項

1.在測電流源外特性時，不要忘記測短路時的電流值，注意恆流源負載電壓不可超過 20V，負載更不可開路。

2.換接線路時，必須關閉電源開關。

3.直流儀表的接入應注意極性與量程。

實驗三　互易定理

一、實驗目的

1.通過實驗加深理解互易定理的內容、適用條件。

2.進一步熟悉電壓源、電流源、直流電壓表和直流電流表的使用。

3.進一步體會模擬實驗的優點與不足。

二、實驗原理

互易定理是對於一個僅由線性電阻元件組成的無源（既無獨立源又無受控源）網路 N，在單一諧振的情況下，當諧振埠和響應埠互換而電路的幾何結構、元件參數不變時，同一數值諧振所產生的響應在數值上將不會改變的特性稱為互易特性。

三、實驗儀器

1.實驗台

2.示波器

3.數位萬用電表

4.電腦及模擬軟體

四、預習要求

1.熟悉互易定理的含義、適用範圍和條件。

2.熟悉直流電壓源、直流電流源、直流電壓表和直流電流表等的使用。

3.熟悉互易定理的模擬實驗方法。

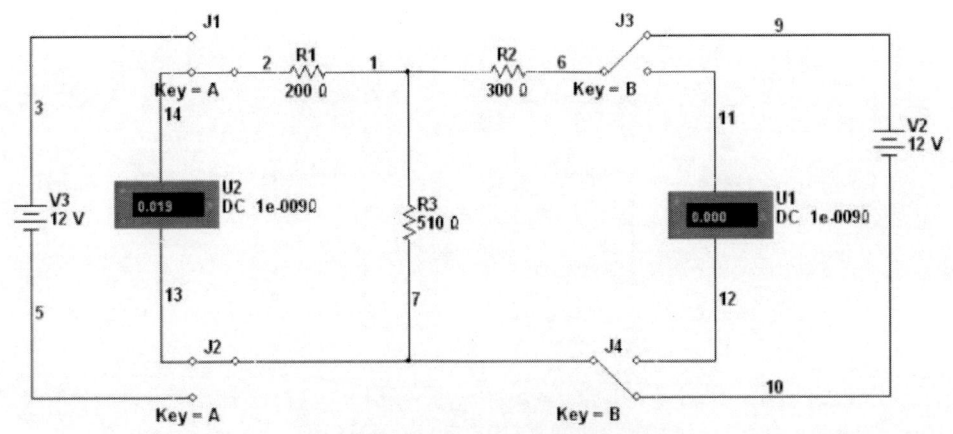

圖 3-3-1 互易定理仿真實驗電路

上圖 3-3-1 是互易定理 1 的模擬實驗電路，互易定理 2 與互易定理 3 請同學自搭實驗電路。在模擬實驗中注意針對下列問題進行實驗和觀察：

1.互換電壓源 V_3、V_2 時，交換電阻 R_1、R_2 的位置，互易定理是否成立？

2.將 V_3 或 V_2 電壓源的極性反相，互易定理是否成立？會是什麼結果？

3.將 V_3、V_2 替換成交流電壓源，互易定理是否還成立？

五、實驗步驟

（1）互易定理 1.實驗網路 N 內部如圖 3-3-2 所示。

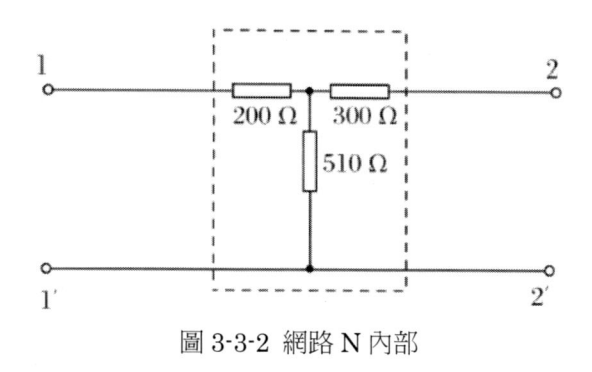

圖 3-3-2 網路 N 內部

下面分別按圖 3-3-3（a）、3-3-3（b）搭接實驗電路。當一電壓源 U_s 接入網路 N 11′端，在 22′端引起的短路電流 I_2〔如圖 3-3-3（a）〕等於同一電壓源 U_s 接入網路 N 22′端，在 11′端引起的短路電流 I_1〔如圖 3-3-3（b）〕，即 $I_2 = I_1$。

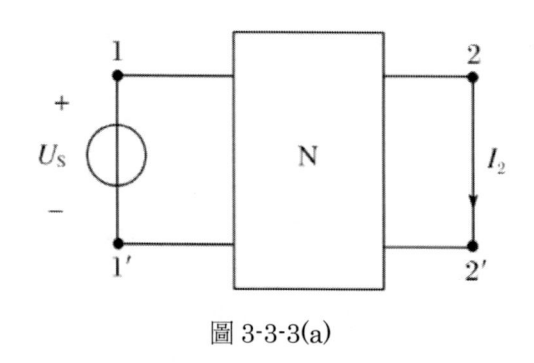

圖 3-3-3(a)

圖 3-3-3(b)

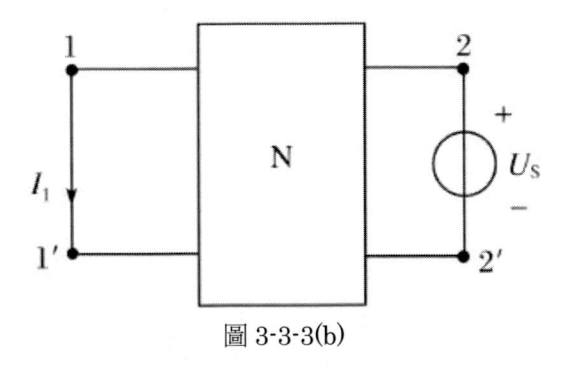

（2）互易定理 2.當一電流源 I_s 接入網路 N_{11}' 端，在 22´端引起的開路電壓 U_2Z 如圖 3-3-4（a）〕等於同一電流源 is 接入網路 N_{22}' 端，在 11´端引起的開路電壓 U_1〔如圖 3-3-4（b）〕，即 $U_2=U_1$。

圖 3-3-4(a)

圖 3-3-4(b)

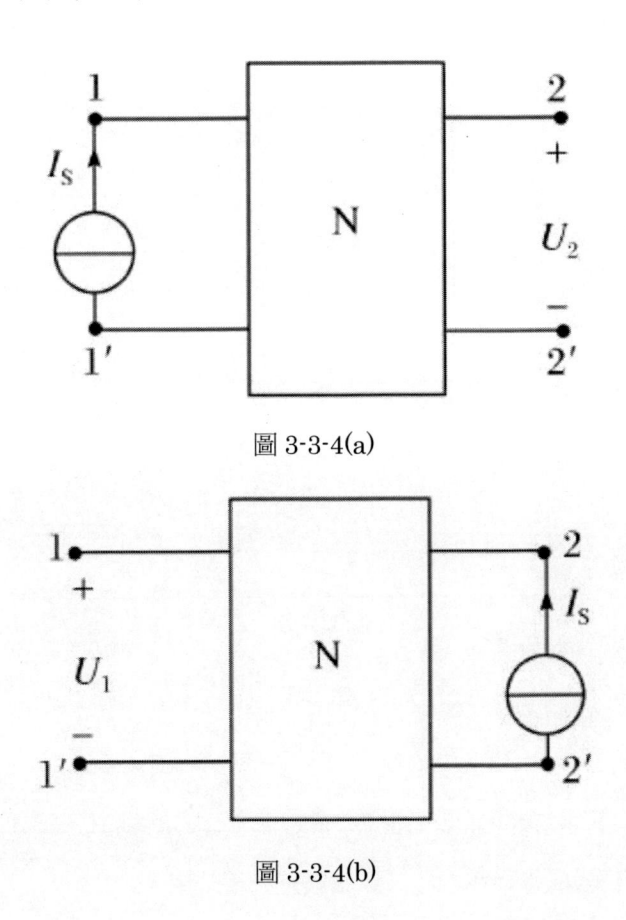

（3）互易定理 3.當在網路 $N_{22'}$ 端加入電壓源 U_s，在 11′端引起開路電壓 U_2〔如圖 3-3-5（a）〕，然後，一電流源 I_s 接入網路 $N_{11'}$ 端，在 22′端引起的短路電流 I_2Z〔如圖 3-3-5（b）〕，如果 I_s 和 U_s 在數值上都相等，則任何時間有：

$U_2 = I_2$

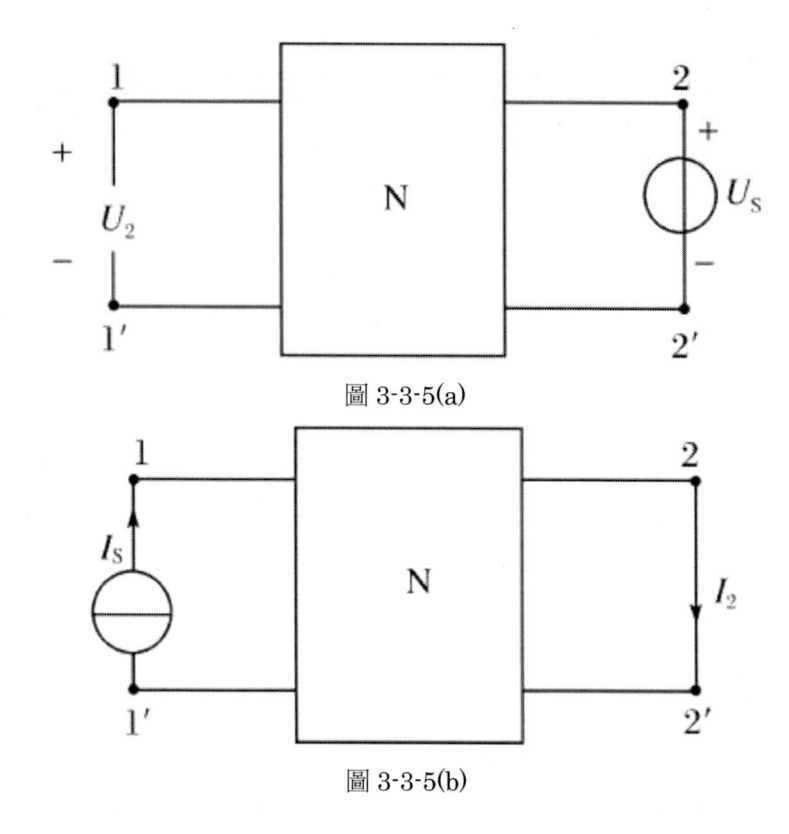

圖 3-3-5(a)

圖 3-3-5(b)

六、實驗報告

1.自擬表格記錄實驗資料。

2.完成電子實驗報告。

七、注意事項

1.記錄測量儀表的量程和內阻，以備誤差分析時用。

2.諧振和響應的位置互換前後,網路的結構和元件的參數必須保持不變。

3.互易前後諧振和響應的參考方向應保持一致。

八、思考題

1.互易定理的適用條件及注意事項。

2.互易前後諧振和響應的參考方向不一致時,互易定理是否成立?

實驗四 受控源特性的研究

一、實驗目的

1.加深對受控源概念的理解。

2.通過測試受控源的控制特性和負載特性,加深對受控源特性的認識。

3.掌握受控源轉移參數的測量方法。

二、實驗原理

(一)受控源簡介

受控源是一種電源,它對外可提供電壓或電流。它為非獨立電源,即由控制支路和受控源支路構成。受控電壓源的電壓受控制支路的電流或電壓控制;受控電流源受控制支路的電流或電壓控制。

根據控制量與受控量的性質,受控源可分為四類,即電壓控制電壓源(VCVS)、電壓控制電流源(VCCS)、電流控制電壓源(CCVS)、電流控制電流源(CCCS)。其電路模型如下圖 3-4-1 所示。

(a) VCVS (b) VCCS

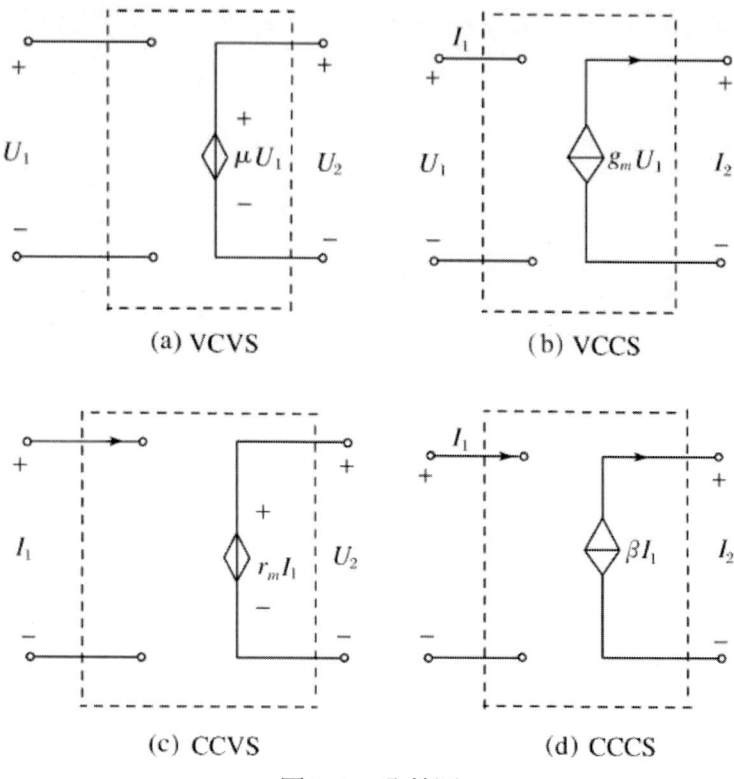

(c) CCVS (d) CCCS

圖 3-4-1 全控源

如圖 3-4-1 所示的四種理想受控源中，控制支路中只有一個獨立變數（電壓或電流），另一個變數為零。也就是說，從受控源的入口看，或者是短路（輸入電阻 R＝0 及輸入電壓 U＝0），或者是開路（輸入電導 G＝0 及輸入電流 I＝0）。從受控源的出口看，或是一個理想電流源，或是一個理想電壓源。

（二）四種受控源的轉移函數參量的定義

1.電壓控制電壓源（VCVS），$U_2 = f(U_1)$，$\mu = \frac{U_2}{U_1}$ 稱為轉移電壓比（或稱為電壓增益）。

2.電壓控制電流源（VCCS），$I_2 = f(U_1)$，$g_m = \frac{I_2}{U_1}$ 稱為轉移電導。

3.電流控制電壓源（CCVS），U$_2$＝f（I$_1$），r$_m$＝$\frac{U_2}{I_1}$稱為轉移電阻。

4.電流控制電流源（CCCS），I$_2$＝f（I$_1$），$\beta = \frac{I_2}{I_1}$稱為轉移電流比（或稱為電流增益）。

三、實驗儀器

1.受控源實驗台 1 套

2.直流穩壓電源 1 台

3.萬用電表 1 台

4.電阻、可變電阻若干

四、預習要求

（一）複習有關受控源的知識，瞭解四種受控源的原理及區別。

（二）閱讀實驗原理和說明，熟悉實驗中用到的儀器設備的使用方法。

（三）利用 Multisim9.0 軟體，完成下列模擬實驗。

1.受控源 VCCS 轉移特性的測試

電路圖 3-4-3 中，取電阻 RL＝2kΩ，調節穩壓電源輸出電壓 U$_1$，測量相應的 I$_L$ 值，根據模擬的結果，記錄入表 3-4-1 中。

表 3-4-1　受控源 VCCS 轉移特性測試

U$_1$（V）	0	0.5	1	1.5	2	5
I$_L$（mA）						
計算 gm 值						

2.受控源 VCCS 外特性的測試

電路圖 3-4-3 中，保持 $U_1=4V$，令 R_L 阻值從 0 增至 $5k\Omega$，測量相應的 U_2 及 I_L 值，根據模擬的結果，記錄入表 3-4-2 中。

表 3-4-2　受控源 VCCS 外特性測試

R_L（Ω）	0	100	200	400	800	1k
U_2（V）						
I_L（mA）						

3.受控源 CCCS 轉移特性的測試

電路圖 3-4-5 中，取電阻 $R_L=2k\Omega$，調節恒流源的輸出電流 I_s，測量相應的 I_L 值，根據模擬的結果，記錄入表 3-4-3 中。

表 3-4-3　受控源 CCCS 轉移特性測試

I1（mA）	0	0.2	0.4	0.6	0.8	1
U_2（V）						
計算 a 值						

4.受控源 CCCS 外特性的測試

電路圖 3-4-5 中，保持 $I_s=0.4mA$，調節 R_L 的值，令它從 0 增至 $10k\Omega$，測量相應的 U_2 及 I_L 值，根據模擬的結果，記錄入表 3-4-4 中。

表 3-4-4　受控源 CCCS 外特性測試

R_L（Ω）	0	100	200	1k	8k	10k
U_2（V）						
I_L（mA）						

五、實驗步驟

（一）測量受控源 VCVS 的轉移特性 $U_2=f(U_1)$ 及外特性 $U_2=f(I_L)$。實驗電路圖如圖 3-4-2。

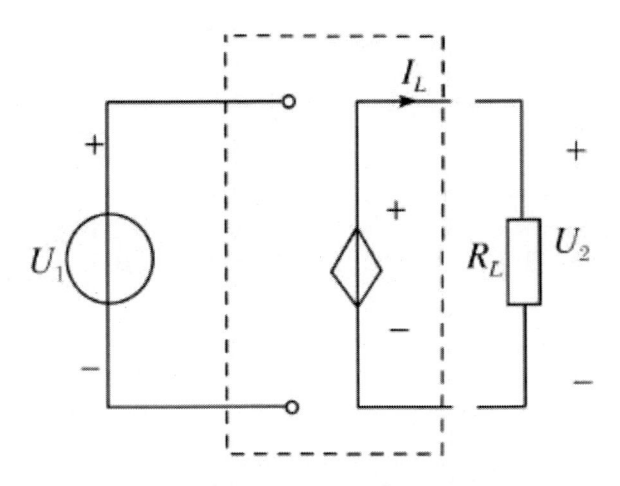

圖 3-4-2 受控源 vcvs 轉移特性的測試

1.固定電阻 $R_L=2k\Omega$，調節穩壓電源輸出電壓 U_1，測量相應的 U_2 值，記錄入表 3-4-5 中。根據表格所記錄的資料，繪製 $U_2=f(U_1)$ 的曲線圖，並由其線性部分求出轉移電壓比 μ。

表 3-4-5 受控源 VCVS 轉移特性測試

U_1（V）	0	1	2	3	4	5
U_2（V）						
計算 μ 值						

2.保持 $U_1=2V$，令 R_L 阻值從 $1k\Omega$ 增至 ∞，測量 U_2 及 I_L 值，記錄入表 3-4-6 中，並繪製 $U_2=f(I_L)$ 曲線。

表 3-4-6 受控源 VCVS 外特性測試

R_L（kΩ）	1k	2k	10k	30k	100k	∞
U_2（V）						
IL（mA）						

（二）測量受控源 VCCS 的轉移特性 I_L＝f（U_1），及外特性 IL＝f（U_2）。

實驗電路圖如圖 3-4-3。

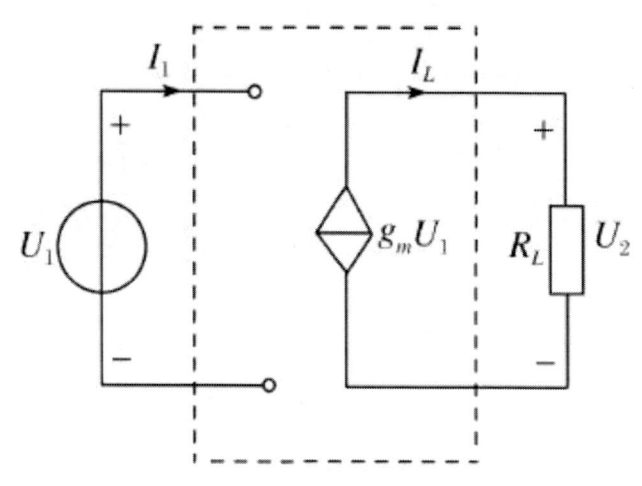

圖 3-4-3 受控源 vccs 轉移特性的測試

1.固定電阻 R_L＝2kΩ，調節穩壓電源輸出電壓 U_1，測量相應的 I_L 值，記錄入表 3-4-7 中。根據表格所記錄的資料，繪製 I_L＝f（U_1）的曲線圖，並由其線性部分求出轉移電導 g_m。

表 3-4-7　受控源 VCCS 轉移特性測試

U_1（V）	0	0.5	1	1.5	2	5
I_L（mA）						
計算 g_m 值						

2.保持 U_1＝4V,令 R_L 阻值從 0 增至 1kΩ,測量相應的 U_2 及 IL 值,記錄入表 3-4-8 中，並繪製 I_L＝f（U_2）曲線。

表 3-4-8　受控源 VCCS 外特性測試

R_L（Ω）	0	100	200	400	800	1k
U_2（V）						
I_L（mA）						

（三）測量受控源 CCVS 的轉移特性 U₂=f（I₁），及外特性 U₂=f（I_L）。實驗電路圖如圖 3-4-4。

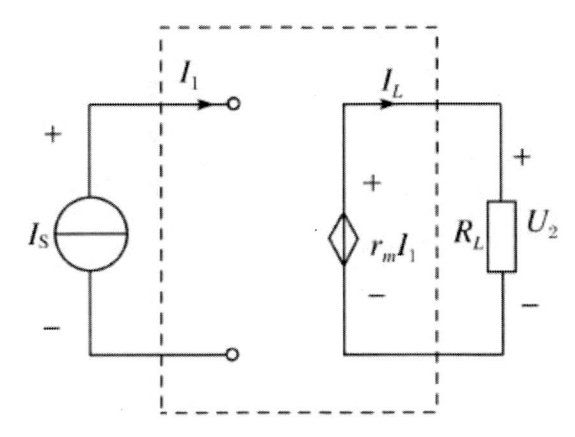

圖 3-4-4 受控源 ccvs 轉移特性的測試

1.固定電阻 R_L＝2kΩ，調節恒流源的輸出電流 I_S，測量相應的 I_L 值，記錄入表 3-4-9 中。根據表格所記錄的資料，繪製 U₂=f（I₁）的曲線圖，並由其線性部分求出轉移電阻 r_m。

表 3-4-9　受控源 CCVS 轉移特性測試

I₁（mA）	0	0.5	0.8	1	1.5	2
U₂（V）						
計算 r_m 值						

2.保持 I_s＝1mA，調節 RL 的值，令它從 1kΩ 增至∞，測量相應的 U₂ 及 I_L 值，記錄入表 3-4-10 中，並繪製 U₂=f（I_L）曲線。

表 3-4-10　受控源 CCVS 外特性測試

R_L（kΩ）	1k	2k	10k	30k	100k	∞
U₂（V）						
I_L（mA）						

（四）測量受控源 CCCS 的轉移特性 I_L=f（I₁），及外特性 IL=f（U₂）。

實驗電路圖如圖 3-4-5。

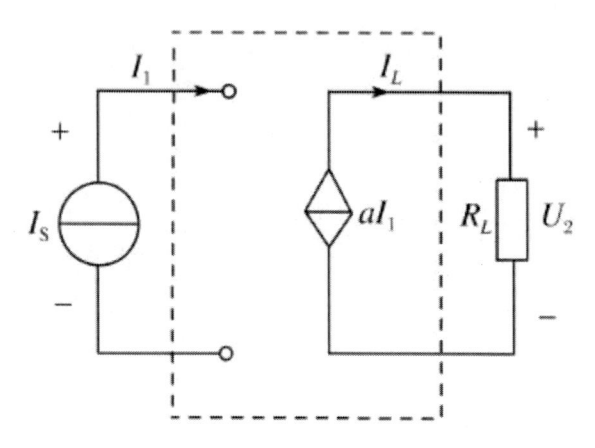

圖 3-4-5　受控源 cccs 轉移特性的測試

1.固定電阻 $R_L=2k\Omega$，調節恒流源的輸出電流 I_S，測量相應的 I_L 值，記錄入表 3-4-11 中。根據表格所記錄的資料，繪製 $I_L=f(I_1)$ 的曲線圖，並由其線性部分求出轉移電流比 β。

表 3-4-11　受控源 CCCS 轉移特性測試

I_1（mA）	0	0.2	0.4	0.6	0.8	1
I_L（mA）						
計算 β 值						

2.保持 $I_s=0.4mA$，調節 R_L 的值，令它從 0 增至 $10k\Omega$，測量相應的 U_2 及 I_L 值，記錄入表 3-4-12 中，並繪製 $I_L=f(U_2)$ 曲線。

表 3-4-12　受控源 CCCS 外特性測試

R_L（Ω）	0	100	200	1k	8k	10k
U_2（V）						
I_L（mA）						

六、實驗報告

1.簡述實驗原理、實驗目的，畫出各實驗電路圖，整理實驗資料。

2.根據實驗資料分別繪出四種受控源的轉移特性和負載特性曲線，並求出相應的轉移參數，分析誤差原因。

3.回答下列思考題：

（1）受控電壓源內阻是否為零？受控電流源內阻是否為無窮大？

（2）受控電源的輸出埠特性與對應獨立源的外特性有什麼關係？

（3）推導出四種受控源參數，以及簡要說明 μ、g_m、r_m、β 與電路元件參數之間的關係。

七、實驗現象

1.在受控源 VCVS 中，測試其轉移特性時，觀察控制電壓源 U_1 與受控電壓 U_2 的變化關係，以及測試其外特性時，受控電壓 U_2 及其電流 I_L 與 R_L 的變化關係。

2.在受控源 VCCS 中，測試其轉移特性時，觀察控制電壓源 U_1 與受控電流 I_L 的變化關係，以及測試其外特性時，受控電壓 U_2 及其電流 I_L 與 R_L 的變化關係。

3.在受控源 CCVS 中，測試其轉移特性時，觀察控制電流源 I_1 與受控電壓 U_2 的變化關係，以及測試其外特性時，受控電壓 U_2 及其電流 I_L 與 R_L 的變化關係。

4.在受控源 CCCS 中，測試其轉移特性時，觀察控制電流源 I_1 與受控電流 I_L 的變化關係，以及測試其外特性時，受控電壓 U_2 及其電流 I_L 與 R_L 的變化關係。

八、注意事項

1.接電路前，必須先斷開電源。

2.為保證受控源工作在線性區，控制端所加電源數值不要太大。

3.測試負載特性時，I_L 不要超過 20mA，不允許將輸出端接地。

第四章 電路的暫態分析

實驗一 一階 RC 電路的暫態響應

一、實驗目的

1.掌握 RC 一階電路的零狀態回應、零輸入回應及全回應。

2.瞭解電路參數對暫態過程的影響，學習電路時間常數的測定方法。

3.瞭解微分電路與積分電路的功能及電路時間常數的選擇方法。

4.學習函數訊號產生器和示波器的使用方法。

二、實驗原理

含有動態元件（電容和電感）的電路稱動態電路。由於動態元件是儲能元件，當電路狀態發生改變（換路）時，需要經歷一個變化過程才能達到新的穩定狀態，這個變化過程稱為電路的過渡過程。在圖 4-1-1 所示直流電路中，接通電源，電容在極板上積累電荷的過程稱為充電；已充電的電容通過電阻構成閉合回路使電荷中和消失的過程稱為放電。

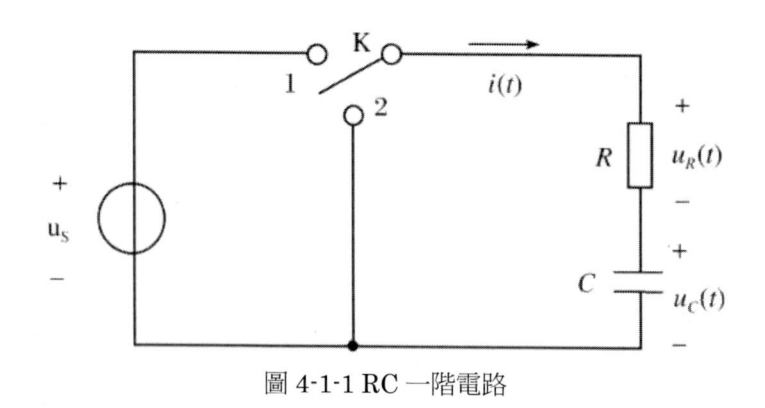

圖 4-1-1 RC 一階電路

（一）換路定則

由於換路前後電容元件中儲有的電能$\frac{1}{2}Cu^2_C$不能躍變，當 C 不變時，電容兩端的電壓 uC 便不能突變，即換路前後瞬間電容兩端的電壓是相等的，

$u_C(0_+) = u_C(0_-)$

其中 t＝0₋表示換路前的終了瞬間，t＝0₊表示換路後的初始瞬間。

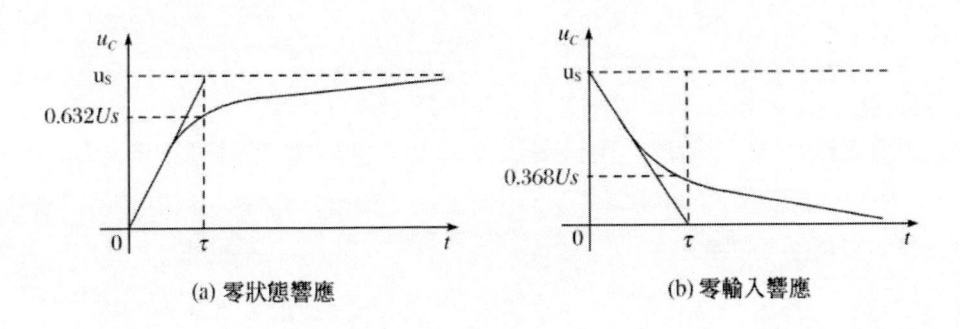

（二）RC 一階電路的零狀態響應

RC 電路的零狀態響應，是指換路前電容元件未儲存能量（uC（0₋）＝0），由電源諧振所產生的電路響應稱為零狀態響應。加上電源後電容充電，電容的電壓按指數規律上升，即

$u_C(t) = u_C(\infty) e^{-t/\tau}$，　t≥0

$u_C(t)$ 隨時間上升的規律可以用曲線表示，如圖 4-1-2（a）所示。

（三）RC 一階電路的零輸入響應

RC 電路的零輸入響應，是指電路在無諧振情況下（$u_C(\infty)=0$），由儲能元件的初始狀態引起的回應稱為零狀態回應。此過程中電容放電，電容上的電壓按指數規律下降，即

$u_C(t) = u_C(0_+)(1 - e^{-t/\tau})$，　t≥0

$u_C(t)$ 隨時間衰減的規律可以用曲線表示，如圖 4-1-2（b）所示。

(a) 零狀態響應　　(b) 零輸入響應

圖 4-1-2 RC 一階電路的零狀態響應與零輸入響應

（四）RC 一階電路的全響應

RC 電路的全響應，是指電路電源諧振和電容元件的初始狀態均不為零（uc(∞)≠0，uc(0₊)≠0）時電路的響應，即

$$u_C(t) = u_C(\infty) + [u_C(0_+) - u_C(\infty)]e^{-\frac{t}{\tau}}, \quad t \geq 0$$

式中 uc（0₊）是電容的初始值，uc（∞）是電容的穩態值，τ 是時間常數，三者稱為一階電路的三要素。不難看出，全響應的兩個特點：

全回應＝零輸入回應＋零狀態回應

全回應＝穩態分量＋狀態分量

（五）時間常數 τ

時間常數 τ 用來表徵暫態過程的長短，一階 RC 電路中 τ ＝RC。τ 越大過渡過程越長，反之，τ 越小，過渡過程就越短。若 R 的單位為 Ω，C 的單位為 F，則 τ 的單位為 s。τ 可以從 uC 的變化曲線上求得。從 t 線上任選一點起算，每經過 t＝τ 的時間，電壓就變化了起算值與穩態值之差的 63.2％，即尚餘 36.8％需在以後過程中完成。或者可在起算點作指數曲線的切線，此切線與穩態值座標線的交點與起算點之間的時間座標差即為時間常數。兩種方法可以在已知指數曲線上近似地確定時間常數數值，如圖 4-1-3 所示。一般認為經過 3τ ～5τ 的時間，過渡過程就基本結束，電路進入穩態。

（六）微分電路與積分電路

微分電路與積分電路是矩形脈衝諧振下的 RC 電路。輸入電壓為矩形脈衝，如圖 4-1-3 所示。若選取不同的時間常數，可構成輸出電壓波形與輸入電壓波形之間的特定（微分或積分）的關係。

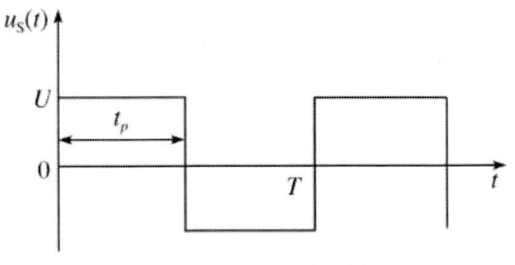

圖 4-1-3 矩形脈衝諧振

　　1.微分電路———電路的輸出電壓與輸入電壓的微分成正比，電路如圖 4-1-4(a)所示。由於 $\tau \ll t_P$，當 $t \leq t_P$ 時，電容很快充電，其上的電壓很快增長到穩定值，形成正的尖脈衝輸出；當 $t > t_P$ 時，電容很快放電，其上的電壓很快衰減到零，形成負的尖脈衝輸出。則在電阻兩端形成了一個正負尖脈衝輸出。

　　微分電路的條件：（1）$\tau = RCtp$　　　（2）輸出電壓從電阻 R 端取出

　　2.積分電路———電路的輸出電壓與輸入電壓的積分成正比，電路如圖 4-1-4(b)所示。由於 $\tau \ll t_P$，當 $t \leq t_P$ 時，電容緩慢充電，其上的電壓在整個脈衝持續時間內緩慢增長，還沒增長到穩定值時，脈衝變為負；當 $t > t_P$ 時，電容又經電阻緩慢放電，其上電壓緩慢衰減。輸出端輸出一個鋸齒波電壓，τ 越大，充放電越是緩慢，所得鋸齒波電壓的線性就越好。

　　積分電路的條件：（1）$\tau = RC \ll t_p$　　　（2）輸出電壓從電容 C 端取出

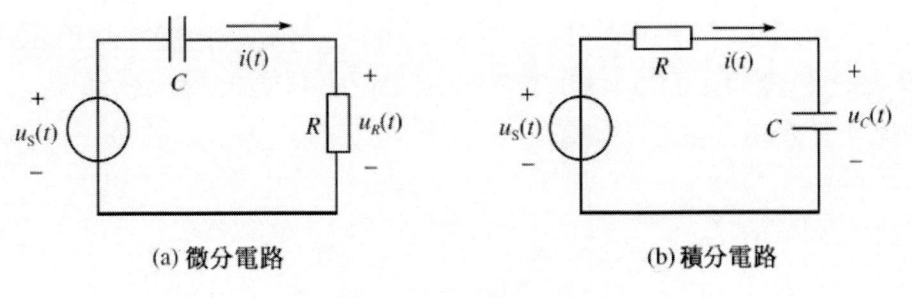

(a) 微分電路　　　　　　　　　　(b) 積分電路

圖 4-1-4 微分電路與積分電路

三、實驗儀器

1. 雙通道示波器 1 台

2. 穩壓電源 1 台

3. 函數訊號產生器 1 台

4. 電阻、電容接線板 1 塊

5. 萬用電表 1 台

四、預習要求

（一）學習函數訊號產生器的使用及雙通道示波器的使用與讀數的方法，見附錄。

（二）完成下列填空題：

1. 一階 RC 電路時間常數 $\tau =$ _____，用以表徵過渡過程的長短，τ 越大，過渡過程就_____。一般認為經過_____的時間後，過渡過程趨於結束。

2. 由 RC 元件構成微分電路必須滿足兩個條件（a）_____（b）_____。積分電路也要滿足兩個條件（a）_____（b）_____。

（三）利用 Multisim9.0 軟體，完成下列模擬實驗：

1. 電路 4-1-1 中，取 R＝10kΩ，C＝3.3μF，us＝3V，觀察開關 K 運動後電壓 u_C 的變化（見圖 4-1-5），理解電容充放電的過程，並保存電阻兩端的電壓 u_R 的模擬曲線，思考 uR 與電流 i 的關係。

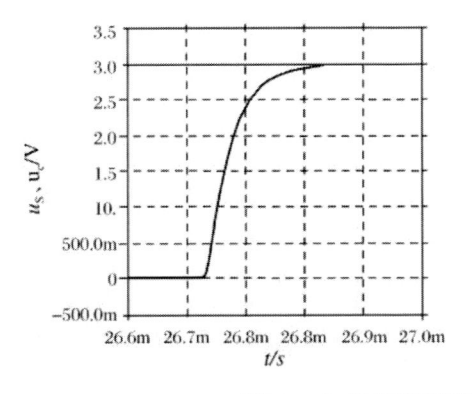

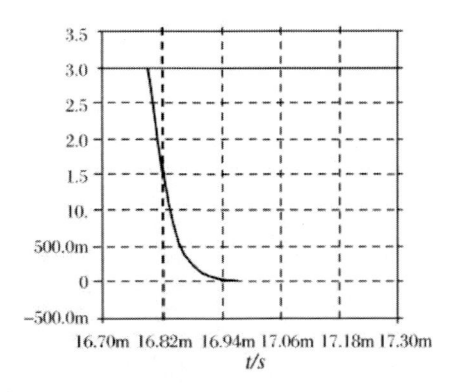

圖 4-1-5 電源電壓與電容電壓的仿真曲線

2.瞭解微分電路與積分電路的工作原理，推導圖 4-1-4 所示電路中的輸出電壓與輸入電壓之間的關係。

3.微積分電路 4-1-4 中，諧振為 f＝1kHz，u_m＝3V 的方波。在下列四種情況下，觀察電壓 u_C 和 u_R 的變化，保存模擬曲線，思考產生不同輸出訊號的原因。

（1）取 R＝1kΩ，C＝10nF；

（2）取 R＝10kΩ，C＝3.3nF；

（3）取 R＝10kΩ，C＝10nF；

（4）取 R＝10kΩ，C＝100nF。

（四）判斷下列輸出曲線對應於（三）題 3 小題中的哪種參數情況，填入下面的空格。

1.取參數 R＝_____，C＝_____；

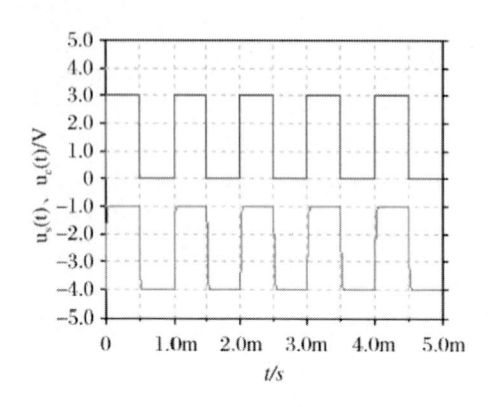

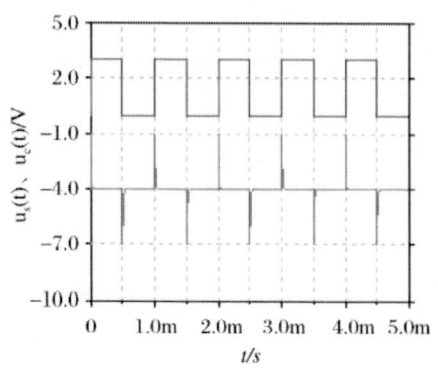

2.取參數 R=_____，C=_____；

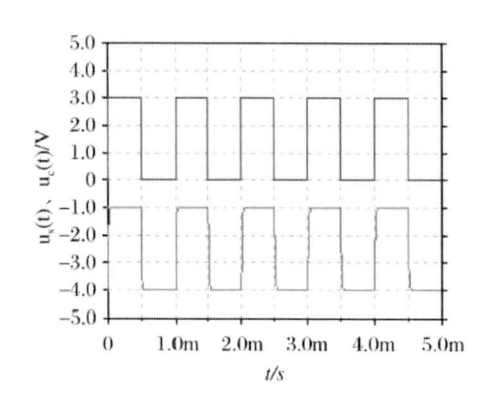

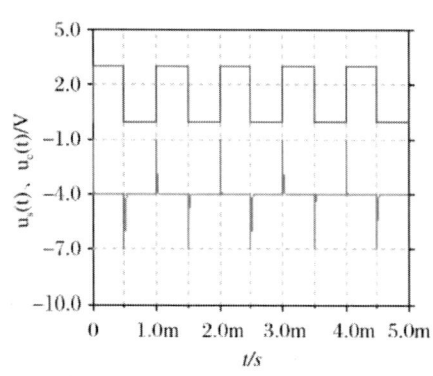

3.取參數 R=_____，C=_____；

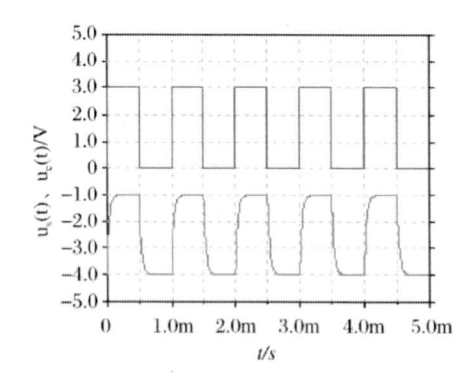

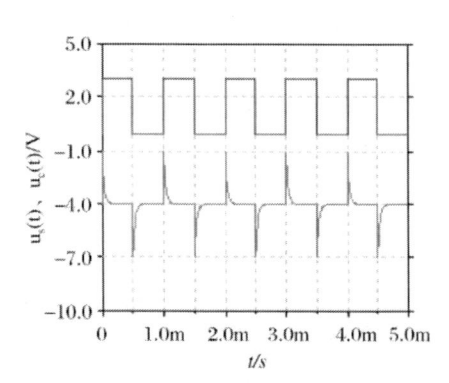

4.取參數 R=_____，C=_____；

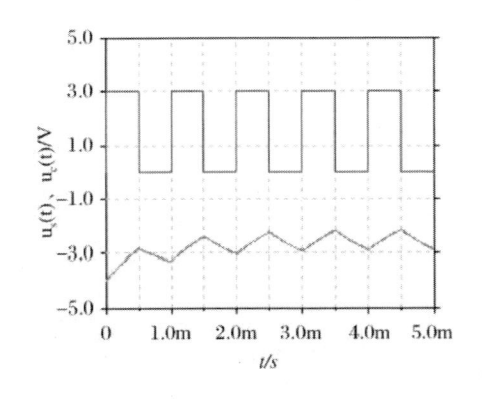

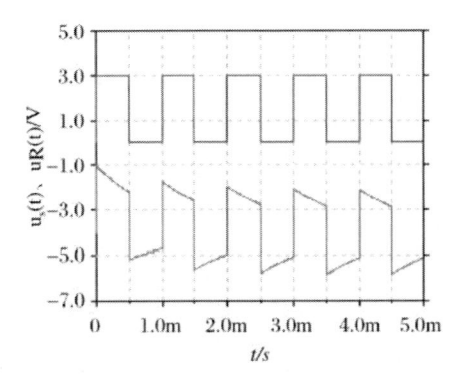

五、實驗步驟

（一）熟悉電子儀器的使用及接線方法

熟悉示波器 X 軸、時標及 Y 軸電壓幅度倍率的讀數方法。熟悉實驗臺上的接線方式，取不同 RC 數值，將時間常數的計算值填入表 4-1-1 內。

表 4-1-1　時間常數 τ 的計算

電阻值＼電容值	C＝100nF	C＝	C＝
R＝10kΩ			
R＝			
R＝			

（二）觀察充放電電流波形

按圖 4-1-1 接線，調節電源電壓為 3V，取時間常數為 1ms（R＝10kΩ，C＝100nF），把示波器 X 軸時標置於 0.5ms/div，Y 軸倍率置於 0.5V/div，輸入選擇開關置於「DC」，把電阻兩端電壓接到 Y 軸輸入端，觀察電容充放電電流（即 R 端電壓）波形，並將觀察到的波形描在圖 4-1-6 中。

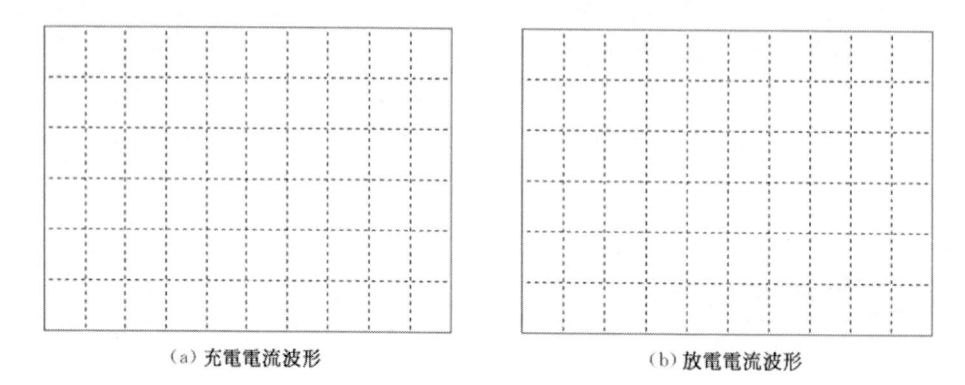

(a) 充電電流波形　　　　　　　　　(b) 放電電流波形

圖 4-1-6　電容充放電波形

（三）觀察電容的端電壓波形

把電容兩端電壓接 Y 軸輸入端，在電路時間常數為 1ms 時，觀察電容端電壓波形並描在圖 4-1-7 中。

（四）微分電路

按圖 4-1-4（a）接成微分電路，函數產生器產生矩形波，調節輸入訊號頻率 f＝1kHz，幅度為 U_m＝3V。矩形波訊號輸入示波器 X 軸，電阻兩端電壓分別輸入 Y 軸，觀察輸入及輸出電壓波形，並畫入圖 4-1-8 中。

1.取 R＝1kΩ，C＝10nF

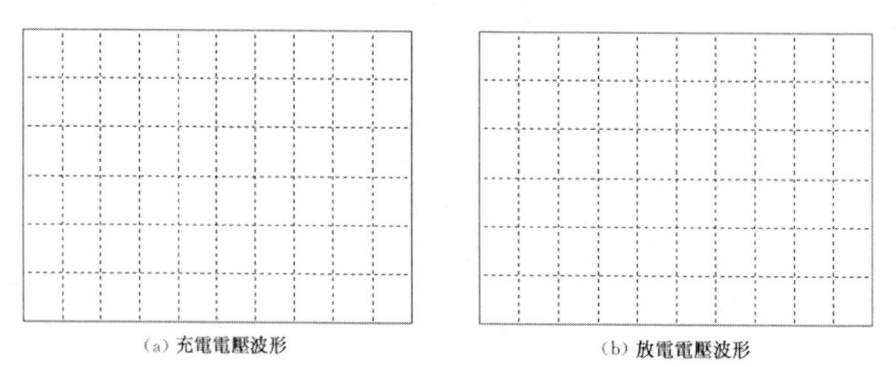

(a) 充電電壓波形　　　　　　　　　(b) 放電電壓波形

圖 4-1-7　電容充放電壓波形

2.取 R＝10kΩ，C＝10nF

(a) 取 $R = 1\text{k}\Omega, C = 10\text{nF}$

(b) 取 $R = 1\text{k}\Omega, C = 10\text{nF}$

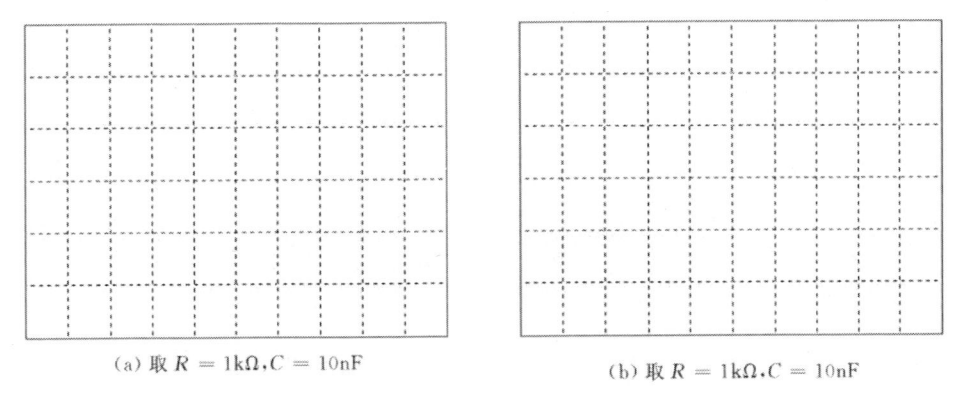

圖 4-1-8 輸入、輸出電壓波形

（五）積分電路

按圖 4-1-4（b）接成積分電路，調節輸入訊號頻率 f＝1kHz，幅度為 U_m＝3V。取 R＝10kΩ，C＝100nF。矩形波訊號輸入示波器 X 軸，電容兩端電壓輸入 Y 軸，觀察輸入及輸出電壓波形，並畫入圖 4-1-9 中。

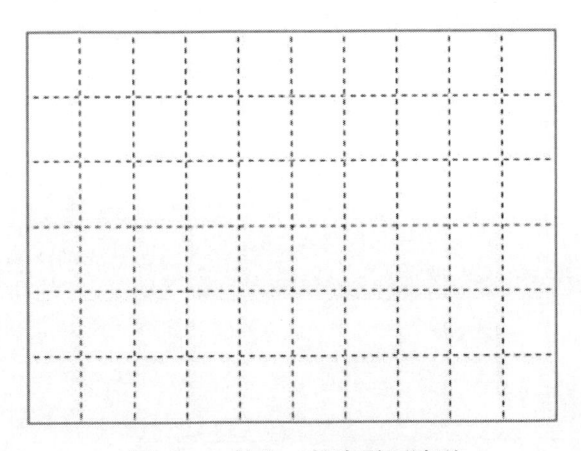

圖 4-1-9 輸入、輸出電壓波形

六、實驗報告

（一）畫出所記錄的電容充放電電流、電壓波形及微分、積分電路輸出電壓波形。

（二）當電路中 RC 取不同值時，根據實驗所得的充放電電壓曲線，用作圖方法求出相應的時間常數，記入表 4-1-2 中。

表 4-1-2　根據實驗所得曲線求取時間常數 τ

計算值 $\tau = 1$ms	$\tau =$
實測值（充電）	
實測值（放電）	

（三）回答下列問題：

1.根據實驗所記錄的波形及曲線，說明電容充放電時電流電壓變化規律及電路參數的影響。

2.根據實驗結果說明串聯電路用作微分電路及積分電路時的參數條件。

3.若保持電路參數不變，僅改變輸入訊號 us 的幅度，回應會有什麼變化？

七、實驗現象

1.觀察充電電流波形時，u_R（0-）=0、u_R（0+）=3V，經 5τ 後過渡過程趨於結束。

2.觀察放電電流波形時，u_R（0-）=0、u_R（0+）=-3V，經 5τ 後過渡過程趨於結束。

3.觀察電容充放電電壓波形時，u_C（0+）=u_C（0-），經 5τ 後過渡過程趨於結束。

八、注意事項

1.調節電子儀器各旋鈕時，動作不要過快、過猛。實驗前，需熟讀雙通道示波器的使用說明書.觀察雙通道時，要特別注意相應開關、旋鈕的操作與調節。

2.訊號源的接地端與示波器的接地端要連在一起（稱共地），以防外界干擾而影響測量的準確性。

3.示波器的亮度不應過亮,尤其是光點長期停留在螢幕上不動時,應將亮度調暗,以延長示波管的使用壽命。

實驗二　二階動態電路的響應及其測試

一、實驗目的

1.掌握二階動態電路的零狀態回應和零輸入回應。

2.觀察、分析二階電路響應的三種狀態軌跡及其特點，確定電路參數對電路響應的影響。

3.觀察零狀態響應的狀態軌跡，學習判定電路動態過程的性質。

二、實驗原理

含有兩個獨立動態元件的動態電路被稱為二階動態電路。其動態電路方程系二階線性常係數微分方程。與一階動態電路不同，二階動態電路的響應可能出現振盪形式。

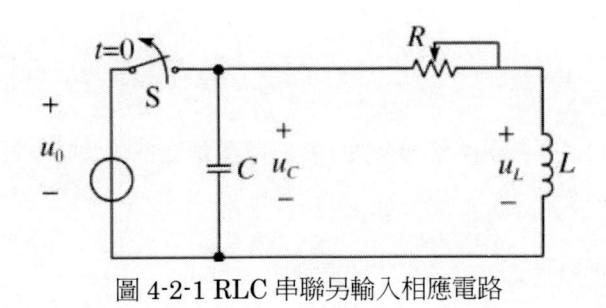

圖 4-2-1 RLC 串聯另輸入相應電路

(一)二階動態電路方程

為便於分析並解答，現以電容 C 對 R、L 放電為例，具體分析圖 4-2-1 所示電路，其對應的二階微分方程為：

$$LC\frac{d^2u_c}{dt} + RC\frac{du_c}{dt} + u_{c=0}$$

設初始值為：$u_{c(0+)} = u_{c(0-)} = U_0$，$I_{(0+)} = I_{(0-)} = 0$，上式微分方程的解為

$$u_c(t) = Ae^{p_1 t} + Be^{p_2 t}$$

式中 A、B 是由初始條件決定的常數，P_1、P_2 是微分方程的特徵方程的根，且有：

$$P_{1,2} = -\frac{R}{2L} \pm \sqrt{\left(\frac{R}{2L}\right)^2 - \frac{1}{LC}}$$

令：

$$\frac{R}{2L} = \sigma \qquad \text{（稱衰減係數）}$$

$$\frac{1}{\sqrt{LC}} = \omega_0 \qquad \text{（稱固有振盪角頻率）}$$

$$\frac{1}{LC} - \left(\frac{R}{2L}\right)^2 = \omega^2_d \qquad \text{（ω_d 稱振盪角頻率）}$$

則：

$$P_{1,2} = -\sigma \pm \sqrt{\sigma^2 - \omega_0^2}$$

$$P_1 = -\sigma + j\omega_d \qquad P_2 = -\sigma - j\omega_d$$

結論：電路的響應與電路參數有關，當電路參數為不同值時，電路的回應可能出現三種不同情況。

（二）二階動態電路不同參數下的各種回應狀態

1.非振盪（過阻尼）放電過程（$R > 2\sqrt{\frac{L}{C}}$）

其回應為：

$$u_c(t) = \frac{U_0}{p_2-p_1}(p_2e^{p_1t} - p_1e^{p_2t}) \ ; \ i(t) = -C\frac{du_c}{dt} = -\frac{U_0}{L(P_2-P_1)}e^{\frac{p_1}{p_2}t}$$

Uc 狀態軌跡如圖 4-2-3 所示。

圖 4-2-2 非震盪（過阻尼）放電過程 Uc 狀態軌跡

2.臨界（臨界阻尼）狀態（$R = 2\sqrt{\frac{L}{C}}$）

其回應為：

$$u_c(t) = U_0(1+\sigma t)e^{-\sigma t}$$

$$i(t) = -C\frac{du_c}{dt} = -\frac{U_0}{L}te^{-\sigma t}$$

Uc 狀態軌跡如圖 4-2-3 所示。

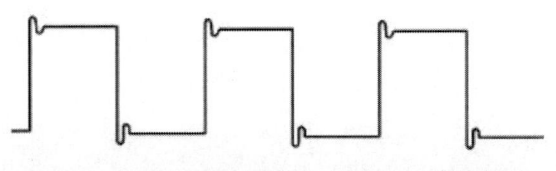

圖 4-2-3 臨界（臨界組尼）狀態 Uc 狀態軌跡

3.衰減振盪（欠阻尼）放電過程（$R < 2\sqrt{\frac{L}{C}}$）

其回應為：

$$u_c(t) = \frac{\omega_0}{\omega_d}U_0e^{-\sigma t}\sin(\omega_d t + \beta) \ ; \ i(t) = -C\frac{du_c}{dt} = -\frac{U_0}{\omega_d L}e^{-\sigma t}\sin\omega_d t$$

UC 狀態軌跡如圖 4-2-4 所示。

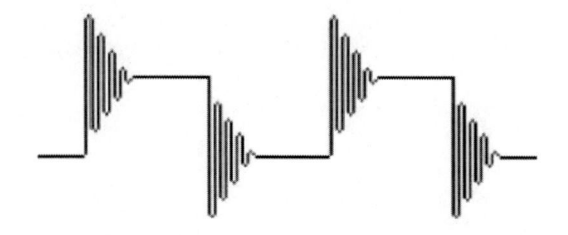

圖 4-2-4 衰減震盪（欠阻尼）放電過程 Uc 狀態軌跡

4.等幅振盪（無阻尼）過程（R＝0）

其回應為

uc（t）＝U_0sin（$\omega_0 t+\frac{\pi}{2}$）

i（t）＝$\frac{U_0}{\omega_0 L}$sin（$\omega_0 t+\pi$）

5.發散振盪（負阻尼）過程（R＜0）

在一般線性電路中，總是存在電阻 R＝0 和 R＜0 的電路響應，可用接入負電阻的方法實現。

（三）振盪頻率 ωd 與衰減係數 σ 的實驗測量方法

當 R＜$2\sqrt{\frac{L}{C}}$ 電路出現衰減振盪時，其響應為：

uc（t）＝$A_1 e^{-\sigma t}$sin（$\omega_d t+\beta$）

i（t）＝$A_2 e^{-\sigma t}$sin$\omega_d t$

將 uc（t）（或 i（t））送入示波器，顯示出電壓（或電流）波形，如圖 4-2-5 所示。

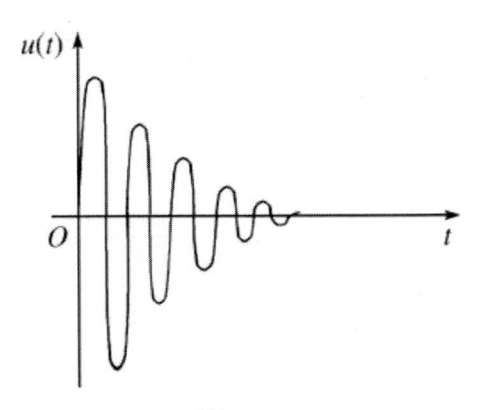

圖 4-2-5

從示波器螢幕上測出振盪週期 T_d 和 u_{cm1}、u_{cm2} 的值，可計算出振盪角頻率 ω_d 與衰減係數 σ。

因為：
$$\omega_d = 2\pi f_d$$

所以：
$$\omega_d = \frac{2\pi}{T_d}$$

因為：
$$\frac{u_{cm1}}{u_{cm2}} = e^{-\sigma(t1-t2)} = e^{\sigma(t2-t1)} = e^{\sigma T_d}$$

所以：
$$\sigma = \frac{1}{T_d}\ln\frac{u_{cm1}}{u_{cm2}}$$

三、實驗儀器

1.穩壓電源 1 台

2.電阻接線板 1 塊

3.示波器 1 台

4.變阻箱 1 個

四、預習要求

（一）有電路如圖 4-2-1 所示，U0＝1V，C 為 1000pF 電容，L 為 2.5mH 電感。完成下列習題。

1.理論計算該二階動態電路的臨界阻尼值為_____。

2.使用 Multisim9.0 軟體進行模擬實驗。

自行選定 R 阻值，記錄欠阻尼、臨界阻尼、過阻尼三種狀態下 u_C、u_L、i 的狀態軌跡。

（二）有電路如圖 4-2-6 所示，令 R_1＝10kΩ，L＝4.7mH，C＝1000pF，R_2 為 10kΩ可調電阻。令脈衝訊號產生器的輸出為 U_m＝1.5V，f＝1kHz 的方波脈衝。完成下列習題。

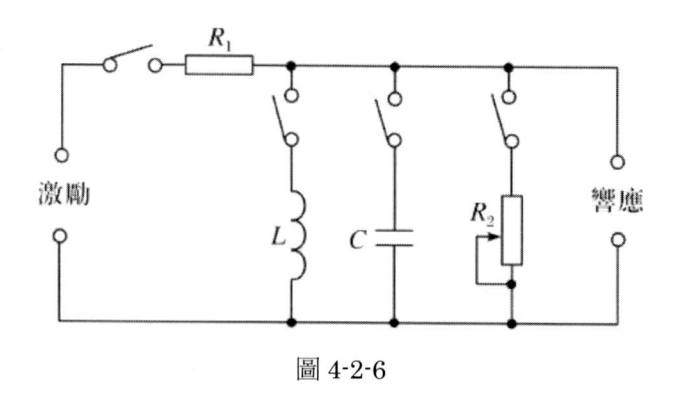

圖 4-2-6

1.理論計算該二階動態電路的臨界阻尼值為_____。

2.使用 Multisim9.0 軟體進行模擬實驗。

自行選定 R 阻值，記錄欠阻尼、臨界阻尼、過阻尼三種狀態下 u_C、u_L、i 的狀態軌跡。

五、實驗步驟

（一）觀察 R、L、C 串聯電路響應

實驗電路可參照圖 4-2-1 所示電路連接，R 為 10kΩ 電位計，C 選 1000pF 電容，L 為 2.5mH 電感（方波幅值選 1V 至 2V，頻率選 1 至 3kHz）。調節電阻 R 值，記錄不同參數時電路回應波形。將 $u_c(t)$ 接示波器，觀察 $u_c(t)$ 軌跡並記錄波形。測定振盪頻率 ω_d 與衰減係數 σ。

（二）觀察 R、L、C 並聯電路響應

實驗電路可參照圖 4-2-7 所示電路連接，取 $R_1=10\text{k}\Omega$，$L=4.7\text{mH}$，$C=1000\text{pF}$，R_2 為 10kΩ 可調電阻。令脈衝訊號產生器的輸出為 $U_m=1.5V$，$f=1\text{kHz}$ 的方波脈衝。調節電阻 R 值，記錄不同參數時，電路回應波形。將 $u_c(t)$ 接示波器，觀察 $u_c(t)$ 軌跡並記錄波形。測定振盪頻率 ω_d 與衰減係數 σ。

六、實驗報告

1.繪製二階動態電路三種狀態下 $u_c(t)$ 的波形圖。

2.根據所繪製的二階動態電路衰減振盪（欠阻尼）放電過程中，$u_c(t)$ 的振盪波形圖，計算其振盪頻率 ω_d 與衰減係數 σ。

七、實驗現象

隨著電路中相應電阻阻值的改變，該二階動態電路逐步經歷欠阻尼、臨界阻尼和過阻尼的三種不同狀態。

八、注意事項

1.調節電位器時，要細心、緩慢，臨界阻尼要找準。

2.調節電子儀器各旋鈕時，動作不應過快、過猛。實驗前，需熟讀雙通道示波器的使用說明書。觀察雙通道時，顯示要穩定，如不同步，則可採用外同步法觸發（看示波器說明）。

第五章 正弦交流電路

實驗一 交流電路參數的測量

一、實驗目的

1.學習用交流電壓表、交流電流表和功率表測量元件的交流等效參數。

2.學習使用電壓調整器和功率表。

3.加強對正弦穩態電路中電壓、電流相量的理解。

二、實驗原理

三表法（電壓表、電流表、功率表）測量元件交流參數是間接測量元件交流參數最常見的一種方法。交流電路中，用交流電壓表、交流電流表和功率表測出元件兩端的電壓 U、流過的電流 I 和它所消耗的有功功率 P 之後，再通過計算得出元件參數，這種測定元件交流參數的方法稱為「三表法」。電壓 U、電流 I 及有功功率 P 有以下關係：

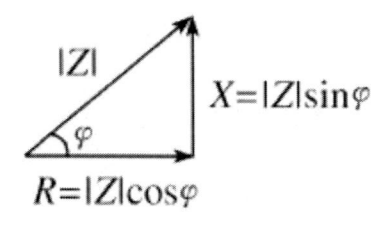

圖 5-1-1 阻抗三角形

阻抗的模：$|z| = \dfrac{U}{I}$

功率因數：$\cos\phi = \dfrac{P}{UI}$

等效電阻：$R=\frac{P}{I^2}=|z|\cos\phi$

等效電抗：$X=|z|\sin\phi$

若被測元件是一個純電阻，則：$R=\frac{P}{I^2}$

若被測元件是一個電容器，則：$R=|z|Z\cos\phi$，$X_C=Z\sin\phi=\frac{1}{\omega C}$，$C=\frac{1}{\omega X_C}=\frac{1}{\omega|z|\sin\varphi}$。

若被測元件是一個電感線圈，一般電感線圈存在較大電阻，不可忽略，故可用一理想電感和理想電阻的串聯作為其電路模型。則：$R=|z|\cos\phi$，$X_L=|z|\sin\phi=\omega L$，$L=\frac{X_L}{\omega}=\frac{|z|\sin\varphi}{\omega}$

三、實驗儀器

序號	名稱	型號與規格	數量
1	自耦電壓調整器	0~450V	1
2	交流數位電壓表	0~500V	1
3	交流數位電流表	0~5A	1
4	單相功率表	0~0.5~1A	1
		0~125~250~500V	
5	鎮流器（電感線圈）	與30W日光燈配用	1
6	電容器	$1\mu F$，$4.7\mu F/500V$	1
7	電阻	50W，100Ω	3

四、預習要求

1.預習交流電流表、交流電壓表、單相功率表及自耦電壓調整器的使用方法。

2.複習正弦交流電路中 RL 串聯、RC 串聯的簡單線性網路的伏安特性及功率的計算,熟練掌握阻抗三角形並應用相量圖分析各物理量之間的關係。

3.完成下列填空題:

(1)自耦調壓變壓器在通電前,手盤應旋轉到輸出電壓為_____(零、任意)位置。

(2)自耦調壓變壓器斷電時,手盤應旋轉到輸出電壓為_____(零、任意)位置,然後再斷電。

(3)已知用電壓表、電流表和功率表測出電阻的電壓 U,電流 I,功率 P,計算電阻的公式為_____:。

(4)已知用電壓表、電流表和功率表測出電容器的電壓 U,電流 I,功率 P,計算電容器電容的公式為:_____。

(5)已知用電壓表、電流表和功率表測出電感的電壓 U,電流 I,功率 P,計算感抗和電阻的公式分別為:_____。

4.利用 Multisim9.0 軟體,完成下列模擬實驗。如圖 5-1-2,待測元件分別為電阻、電感線圈和電容器時,根據表 5-1-1,測出電流、電壓和功率,並根據表 5-1-1 計算出各元件的參數。

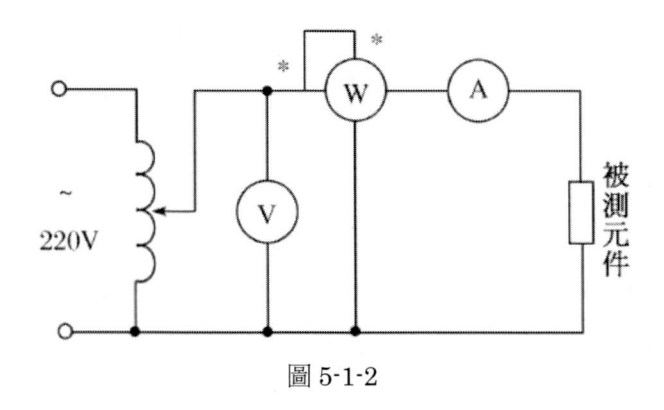

圖 5-1-2

五、實驗步驟

1.被測元件在實驗掛板上選擇，要求：電阻 R 要用 50W 電阻；電容器 4.7μF，耐壓 400V 以上；電感選日光燈鎮流器，L 中流過的電流小於 0.4A。按圖 5-1-2 接線，並經指導教師檢查後，方可接通電源。

2.按表 5-1-1 調節自耦電壓調整器的輸出電壓，測出電流和功率，然後計算出電阻、電容器、電感線圈的等效參數。每一個元件測三次，計算出平均值。

表 5-1-1　交流參數的測定

待測元件	測量值			計算值		
	U（V）	I（A）	P（W）	R（Ω）	L（mH）	C（μF）
電阻	30					
	40					
	50					
	平均值					
電感線圈（鎮流器）	40					
	80					
	120					
	平均值					
電容器（4.7μF）	40					
	80					
	120					
	平均值					

六、實驗報告

1.計算出待測元件的參數，分析誤差原因。

2.寫出心得體會。

七、實驗現象

當負載為電容時，功率表的讀數為零。

八、注意事項

1.本實驗直接用市電 220V 交流電源供電，實驗中要特別注意人身安全，不可用手直接觸摸通電線路的裸露部分，以免觸電。通電前必須讓老師檢查後再通電。

2.在接線前要關閉電源，並將交流電壓調整器的指針調到零位。電壓調整器使用時應先將其手輪調到零位，通電後再逐漸升壓，注意不要使電流表超過量程。做完每一項實驗之後，把電壓調整器調回零位，然後斷開電源。

3.實驗前應詳細閱讀功率表的使用說明書，熟悉其使用方法。功率表要正確接入電路：功率表的電流線圈應與電路串聯，電壓線圈應與電路並聯。兩線圈帶*端應聯在一起。

4.電壓表、電流表和功率表電流線圈要選擇合適的量程，嚴禁超量程。

實驗二　日光燈電路及功率因數的研究

一、實驗目的

1.學會功率表的使用；

2.學會通過測量電壓 U、電流 I、功率 P 來計算交流電路的參數；

3.學會提高功率因數的方法。

二、實驗原理

（一）日光燈的結構

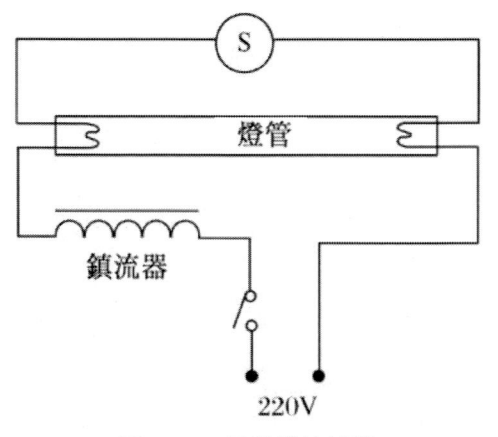

圖 5-2-1 日光燈的結構

（二）日光燈的工作原理

　　如圖 5-2-2 所示，開關閉合瞬間，日光燈管不導電，全部電壓加在啟動器兩觸片之間，使啟動器中氖氣擊穿，產生氣體放電，放電產生的熱量使雙金屬片受熱膨脹與固定片接通，這時有電流通過日光燈管兩端的燈絲和鎮流器；短時間後雙金屬片冷卻收縮與固定片斷開，電路中的電流突然減小。根據電磁感應原理，此時鎮流器兩端產生一定的感應電動勢使日光燈兩端電壓加大，燈管氣體電離放電，日光燈點亮發光。日光燈點亮後燈管兩端電壓降至 100V 左右，由於鎮流器的限流作用，燈管中的電流不會過大。同時並聯在燈管兩端的啟動器也因電壓降低而不能放電，其觸片保持斷開狀態。日光燈點亮後，燈管相當於一電阻 R，鎮流器可等效為一小電阻 RL 和電感 L 的串聯電路，啟動器斷開，整個電路可等效為一 R、L、C 串聯電路，其電路模型如圖 5-2-2 所示。

圖 5-2-2

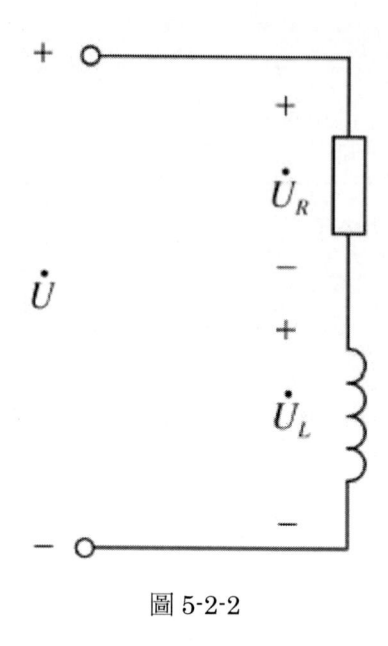

（三）計算公式

$|Z| = U/I$

$\cos\phi = P/UI$

$R_0 = P/I^2 = |Z|\cos\phi$　　（其中 $R_0 = R + R_L$）

$X = |Z|\sin\phi = 2\pi fL$

三、實驗儀器

規格	個數	備註	
日光燈管	40W	1個	
鎮流器		1個	
啟動器		1個	
電容器	400V	1個	
萬用電表		1個	
功率表		1個	

四、預習要求

（一）什麼是電路的功率因數？什麼是交流電路的平均功率？在 RL 串聯電路中。有功功率 P 和視在功率 S 有何關係？

（二）完成下列各題

1.在 RL 串聯電路中，電路的總電壓 U、電阻 R 兩端的電壓 UR、電感 L 兩端的電壓 UL 的關係是_____。

2.在純電阻負載下電壓和電流同相，功率因數為_____；對其他負載來說，其功率因數均介於_____之間。

3.功率因數不高，根本原因是由於_____負載的存在，因此提高功率因數常用的方法是_____，此時電路中的有功功率_____。

（三）使用 Multisim9.0 模擬軟體完成下列實驗。

1.如圖 5-2-3 中，單相交流電源電壓 U＝220V，頻率 f＝50Hz，L＝0.8H，R＝200Ω，不接電容，則電路的功率和功率因數分別為_____和_____。

2.如圖 5-2-3 中，單相交流電源電壓 U＝220V，頻率 f＝50Hz，L＝0.8H，R＝200Ω，所並接電容器的電容 C＝2.2μF，則電路的功率和功率因數分別為_____和_____。

3.如圖 5-2-3 中，單相交流電源電壓 U＝220V，頻率 f＝50Hz，L＝0.8H，R＝200Ω，所並接電容器的電容 C＝6.8μF，則電路的功率和功率因數分別為_____和_____。

五、實驗步驟

（一）測量日光燈電路的交流參數

1.按照下圖接線（先不接電容）

圖 5-2-3

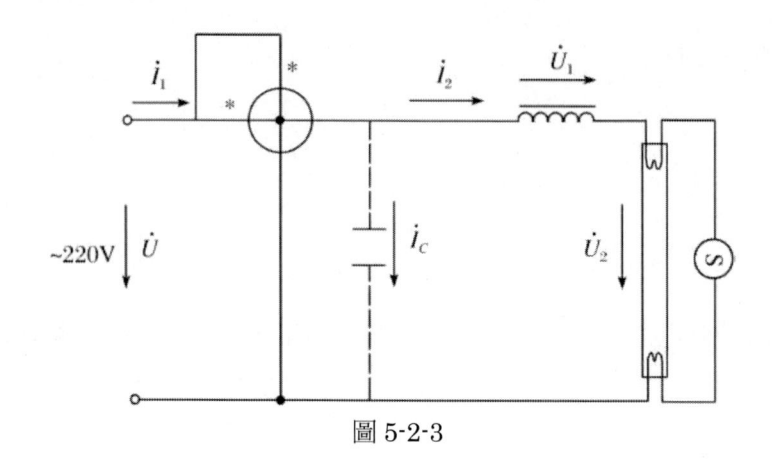

2.調節自耦電壓調整器的輸出電壓為 U＝220V，測量表一中的有關資料。

3.根據測得的數值計算表一中的有關資料。

表 5-2-1

U（V）	測量值					計算值		
	P（W）	cosφ	I_1	U_1	U_2	R	R_L	L
220								

（二）提高功率因數

1.在電路中接入電容 C，電壓 U＝220V 保持不變，測量表二中的有關資料。

表 5-2-

測量值		計算值	
P（W）	I1（mA）	cosφ	C

2.根據測得的資料計算電容器的電容 C。

六、實驗注意事項

1.測量電壓和電流時應注意儀表的擋位選擇。

2.功率表測功率時，應注意同名端的接線，且其電流線圈的電流，電壓線圈的電壓都不可超過額定值。

3.在電路中接入電容時應注意電容器並接的位置，切不可接在功率表之前。

4.實驗過程中應斷電接線，線路接好後須經教師檢查無誤後方可接通電源；實驗過程中如遇異常情況應立即斷開電源並請指導教師檢查。

七、實驗要求

1.比較兩表中的 $\cos\phi$ 的數值，試用相量圖說明為什麼並聯電容器可以提高功率因數？

2.若在電路中串聯電容器是否也能夠提高功率因數？為什麼？

3.若實驗中要測量鎮流器的功率，應如何設計電路？試作圖說明。

實驗三　RLC 串聯諧振電路

一、實驗目的

1.學習用實驗方法繪製 R、L、C 串聯諧振電路的幅頻特性曲線。

2.加深對電路發生諧振的條件、特點的理解。

3.掌握電路品質因數（電路 Q 值）的物理意義及其測定方法。

二、實驗原理

（一）RLC 串聯諧振電路

由實際的電感線圈、電容器相串聯組成的電路，稱為串聯諧振電路。其電路模型如圖 5-3-1 所示。

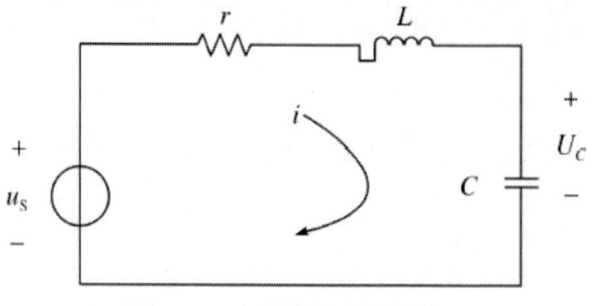

圖 5-3-1 串聯諧振電路模型

(二) 諧振條件

1.R、L、C 串聯電路的阻抗：

$$Z = R + j\left(\omega L + \frac{1}{\omega C}\right) = |Z| \angle \phi$$

2.當串聯回路中電抗等於 0 時，電路處於串聯諧振狀態。

此時，$\omega_0 L - \frac{1}{\omega_0 C} = 0$，回路阻抗 Z_0 為最小值，整個電路相當於純電阻電路，諧振源的電壓與回路的響應電流同相位。

其諧振角頻率為：

$$\omega_0 = \frac{1}{\sqrt{LC}}$$

諧振頻率為：

$$f_0 = \frac{1}{2\pi\sqrt{LC}}$$

顯然，諧振頻率僅與 L、C 的數值有關，而與電阻 R 和諧振電源的角頻率 ω 無關．

(三) 串聯諧振狀態下的伏頻特性

在圖 5-3-2 所示的 R、L、C 串聯電路中,當正弦交流訊號源的頻率 f 改變時,電路中的感抗、容抗隨之而變,電路中的電流也隨 f 而變。取電阻 R 上的電壓 u。作為回應,當輸入電壓 u$_i$ 的幅值維持不變時,在不同頻率的正弦訊號諧振下,測出 U$_O$ 之值,然後以 f 為橫坐標,以 $\frac{U_O}{U_i}$ 為縱坐標(因 U$_i$ 不變,故也可直接以 U$_O$ 為縱坐標),繪出光滑的曲線,此即為幅頻特性曲線,亦稱諧振曲線,如圖 5-3-3 所示。

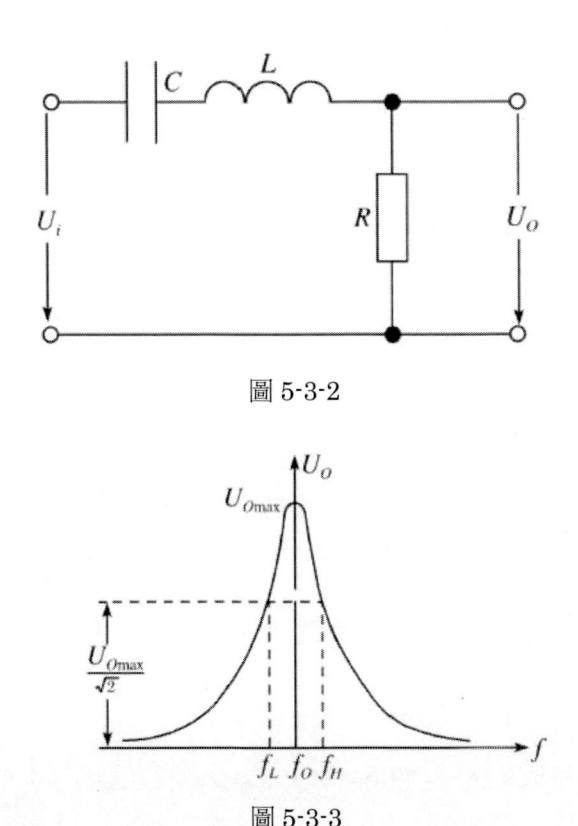

圖 5-3-2

圖 5-3-3

(四)品質因數 Q

1.概念

電感上的電壓(或電容上的電壓)與諧振電壓之比稱為品質因數 Q,即:

$$Q = \frac{U_L}{U_S} = \frac{U_C}{U_S} = \frac{\omega_0 L}{R} = \frac{\frac{1}{\omega_0 C}}{R} = \frac{\sqrt{\frac{L}{C}}}{R}$$

在 L 和 C 為定值的條件下，Q 值僅僅決定於回路電阻 R 的大小。

2.品質因數 Q 的測定方法

（1）方法一：

$$Q = \frac{U_{L0}}{U_S} = \frac{U_{C0}}{U_S}$$

式中，U_{C0} 與 U_{L0} 分別為諧振時電容器 C 和電感線圈 L 上的電壓。

（2）方法二：

$$Q = \frac{f_0}{f_H - f_L}$$

式中 f_0 為諧振頻率，f_H 和 f_L 是失諧時，亦即輸出電壓的幅度下降到最大值的 $\frac{1}{\sqrt{2}}$（＝0.707）倍時的上、下頻率點。

如圖 5-3-3 所示，$\Delta f = f_H - f_L$ 即為諧振曲線的通頻帶寬度。

3.品質因數 Q 的物理意義

Q 值越大，曲線越尖銳，通頻帶越窄，電路的選擇性越好。在恒壓源供電時，電路的品質因數、選擇性與通頻帶只決定於電路本身的參數，而與訊號源無關。

（五）實驗方法求解 f_0 和 Q

1.在 $f = f_0 = \frac{1}{2\pi\sqrt{LC}}$ 處，即幅頻特性曲線尖峰所在的頻率點稱為諧振頻率。

此時 $X_L = X_C$，電路呈純阻性，電路阻抗的模為最小。

2.在輸入電壓 U_i 為定值時，電路中的電流 i 達到最大值，且與輸入電壓 u_i 同相位。從理論上講，此時 $U_i=U_{R0}=U_0$，$U_{L0}=U_{C0}=QU_i$，其中的 Q 稱為電路的品質因數。

三、實驗儀器

1.函數訊號產生器 1 台

2.諧振電路實驗電路板 1 塊

3.交流毫伏表 1 台

4.雙通道示波器 1 台

四、預習要求

有 RLC 串聯諧振電路如圖 5-3-4 所示，取 $R=100\Omega$，$L=16mH$，$C=0.1\mu F$，回答以下問題。

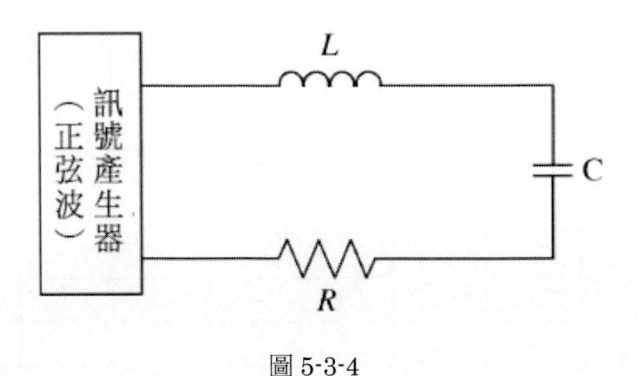

圖 5-3-4

1.根據題目中所提供的資料，從理論上計算出：

諧振角頻率 $\omega_0=$ _____ ；

諧振頻率 $f_0=$ _____ ；

品質因數 Q ＝_____。

2.使用 Multisim9.0 軟體進行模擬實驗。

分別取 R＝100Ω 和 200Ω，調整訊號產生器的正弦訊號頻率 f0 記錄每個頻率值情況下，R、C、L 的電壓有效值，填寫表 5-3-1 及表 5-3-2，繪製 U_R 的幅頻特性曲線。

並通過實驗方法計算出：

諧振教頻率 ω_0 ＝_____；

諧振頻率 f0 ＝_____；

品質因數 Q ＝_____。

表 5-3-1（R＝100Ω）

f（kHz）									
U_R（V）									
U_C（V）									
U_L（V）									

表 5-3-2（R＝200Ω）

f（kHz）									
U_R（V）									
U_C（V）									
U_L（V）									

五、實驗步驟

（一）按照圖 5-3-4 連接實際電路。

（二）測定電路的諧振頻率 f_0。

將毫伏表跨接在 R 兩端，令訊號源的頻率由小逐漸變大（注意要維持訊號源的輸出幅度不變），當 U₀ 的讀數為最大時，讀得頻率計數器上的頻率值即為電路的諧振頻率 f₀，並測量 U₀、U_L0、U_C0 之值（注意及時更換毫伏表的量限），記入表 5-3-3 中。

表 5-3-3

R（Ω）	f₀（kHz）	U₀（V）	U_L0（V）	U_C0（V）	I₀（mA）	Q

（三）測定電路的通頻帶 Δf 及品質因數 Q。

調整訊號產生器的正弦訊號頻率 f。記錄每個頻率值情況下，R、C、L 的電壓有效值，填寫表 5-3-4，繪製 U_R 的幅頻特性曲線。

表 5-3-4

f（kHz）								
U_R（V）		0.707Max		Max		0.707Max		
U_C（V）			Max					
U_L（V）					Max			

六、實驗報告

1.填寫表 5-3-3，使用實驗方法確定諧振頻率 f₀。利用實驗原理中所介紹的品質因數 Q 的第一種測定方法，確定實驗電路的品質因數 Q。

2.填寫表 5-3-4，測定實驗電路的通頻帶 Δf。利用實驗原理中所介紹的品質因數 Q 的第二種測定方法，確定實驗電路的品質因數 Q。

七、實驗現象

1.隨著訊號產生器所輸入的正弦訊號頻率的逐步增大，電阻兩端的電壓有效值會經歷由小變大，再逐漸變小的過程。

2.電阻兩端電壓的幅頻特性具有相對於峰值頻率線對稱的特點。

八、注意事項

1.測試頻率點的選擇應在靠近諧振頻率附近多取幾點。在變換頻率測試前，應調整訊號輸出幅度（用示波器監視輸出幅度），使其維持在 3V。

2.測量 U_{C0} 和 U_{L0} 數值前，應將毫伏表的量限改大，而且在測量 U_{L0} 與 U_{C0} 時毫伏表的「＋」端應接 C 與 L 的公共點，其接地端應分別觸及 L 和 C 的近地端 N_2 和 N_1。

3.實驗中，訊號源的外殼應與毫伏表的外殼絕緣（不共地）。如能用浮地式交流毫伏表測量，則效果更佳。

4.調節電子儀器各旋鈕時，動作不應過快、過猛。實驗前，必須熟讀雙通道示波器的使用說明書。

5.可利用電阻兩端電壓的幅頻特性的對稱性質，說明準確尋找諧振頻率 f_0。

實驗四　RC 選頻網路特性測試

一、實驗目的

1.用實驗的方法研究 RC 選頻網路的選頻特性，熟悉文氏電橋電路的結構特點及其應用。

2.掌握用交流毫伏表和示波器測定文氏電橋電路的幅頻特性和相頻特性。

3.加深對常用 RC 網路幅頻特性的理解。

4.熟練繪製頻率特性曲線。

二、實驗原理

文氏電橋電路是一個 RC 的串、並聯電路，結構簡單，廣泛用於低頻振盪電路中作為選頻環節的電路，用以獲得高純度的正弦波電壓（如圖 5-4-1 所示）。

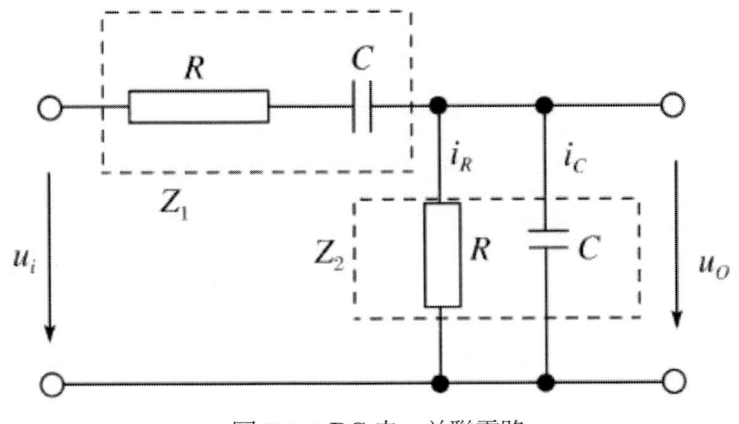

圖 5-4-1 RC 串、並聯電路

（一）用函數訊號產生器的正弦輸出訊號作為諧振訊號 ui，並保持 U_i 值不變的情況下，改變輸入訊號的頻率 f，用交流毫伏表或示波器測出輸出端相應於各個頻率點下的輸出電壓 U_o 值，將這些資料標在以頻率 f 為橫軸，U_o 為縱軸的座標上，用一條光滑的曲線連接這些點，得到的就是該電路的幅頻特性曲線。文氏電橋的輸出電壓幅度會隨輸入訊號的頻率而變，還會出現一個與輸入電壓同相位的最大值，如圖 5-4-2 所示。

由電路分析得知，該網路的傳遞函數為：

$$\beta = \frac{1}{3+j(\omega RC - 1/\omega RC)}$$

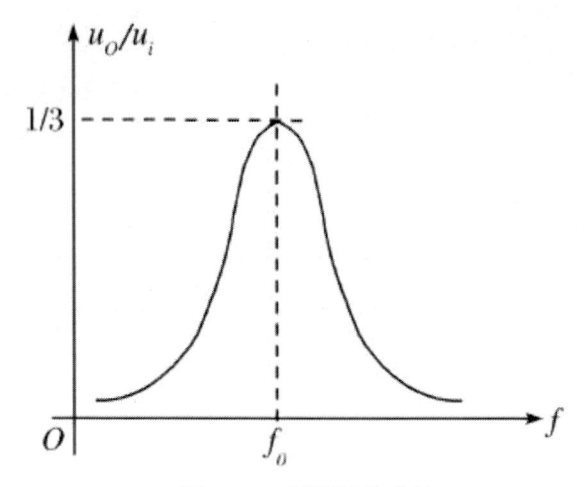

圖 5-4-2 幅頻特性曲線

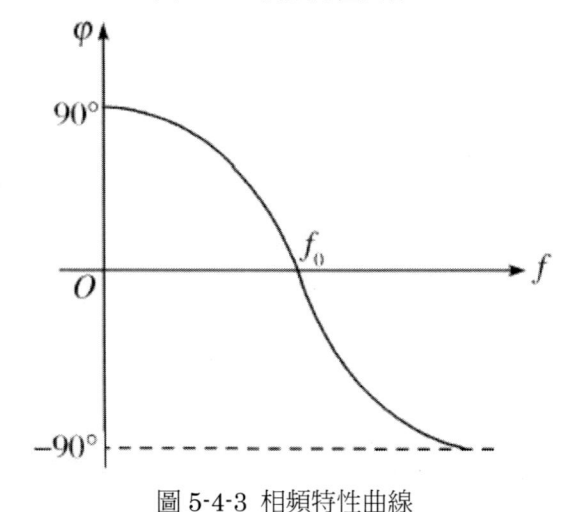

圖 5-4-3 相頻特性曲線

當角頻率 $\omega = \omega 0 = \frac{1}{RC}$ 時，$|\beta| = \frac{u_o}{u_i} = \frac{1}{3}$ 此時 u_o 與 u_i 同相。由圖 5-4-2 表明：RC 串、並聯電路具有帶通特性，即訊號頻率偏離 ω 越遠，訊號被衰減和阻塞越厲害。即 RC 網路允許以 $\omega = \omega_0$ 為中心的一定頻率範圍（頻帶）內的訊號通過，而衰減或抑制其他頻率的訊號，即對某一窄帶頻率的訊號具有選頻通過的作用，因此，將它稱為帶通網路或選頻網路，將 ω_0 或 f_0 稱為中心頻率。

（二）將 RC 電路的輸入和輸出分別接到雙通道示波器的兩個輸入端，改變輸入正弦訊號的頻率，觀測相應的輸入和輸出波形間的時延 τ 及訊號的週期 T，則兩波形間的相位差為 $\phi = \frac{\tau}{T} \times 360° = \phi_o - \phi_i$（輸出相位與輸入相位之差）。將各個不同頻率下的相位差 ϕ，標注在以 f 為橫軸，ϕ 為縱軸的座標上，用光滑的曲線將這些點連接起來，就是被測電路的相頻特性曲線，如圖 5-4-3 所示。由電路分析理論可知，當 $\omega = \omega_0 = \frac{1}{RC}$，即 $f = f_0 = \frac{1}{2\pi RC}$ 時，$\phi = 0$，即 u_o 與 u_i 同相位。

（三）RC 雙 T 電路：其特點是在一個較窄的頻率範圍內具有顯著的帶阻特性，如圖 5-4-4 所示。

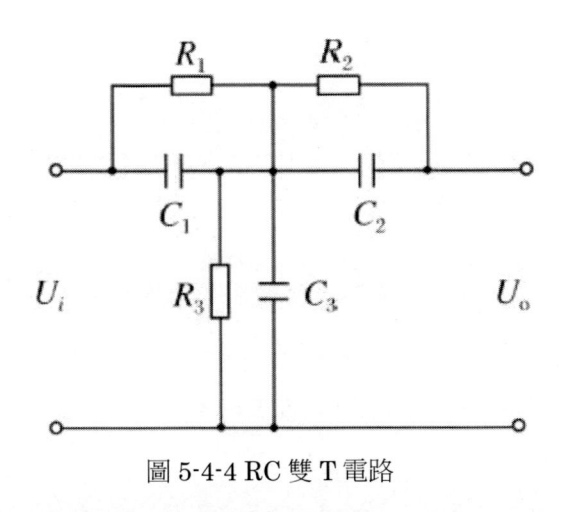

圖 5-4-4 RC 雙 T 電路

由電路分析可知：RC 雙 T 網路零輸出的條件為：

$\frac{1}{R_1} + \frac{1}{R_2} = \frac{1}{R_3}$，$C_1 + C_2 = C_3$，若選 $R_1 = R_2 = R$，$C_1 + C_2 = C_3$，則 $R_3 = \frac{R}{2}$，$C_3 = 2C$，

該雙 T 電路的頻率特性為（假定 $\omega_0 = \frac{1}{RC}$）：

$$F(\omega) = \frac{\frac{1}{2}\left(R + \frac{1}{j\omega C}\right)}{\frac{2R(1+j\omega RC)}{1-\omega^2 R^2 C^2} + \frac{1}{2}\left(R + \frac{1}{j\omega C}\right)} = \frac{1 - \left(\frac{\omega}{\omega_0}\right)^2}{1 - \left(\frac{\omega}{\omega_0}\right)^2 + j4\frac{\omega}{\omega_0}}$$

當 $\omega = \omega_0 = \frac{1}{RC}$ 時，輸出幅值等於 0，相頻特性呈現 ±90° 的突跳以此為中心的某一窄帶頻率的訊號受到阻塞，不能通過，即網路達到「平衡狀態」ω 大於或小於 ω_0 以外頻率的訊號允許通過。具有這種頻率特性的網路稱為帶阻網路。電路的幅頻和相頻特性曲線分別如圖 5-4-5 和 5-4-6 所示。

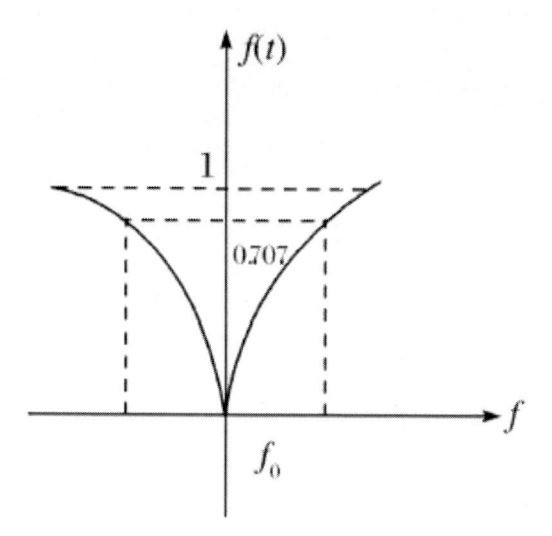

圖 5-4-5 幅頻特性曲線

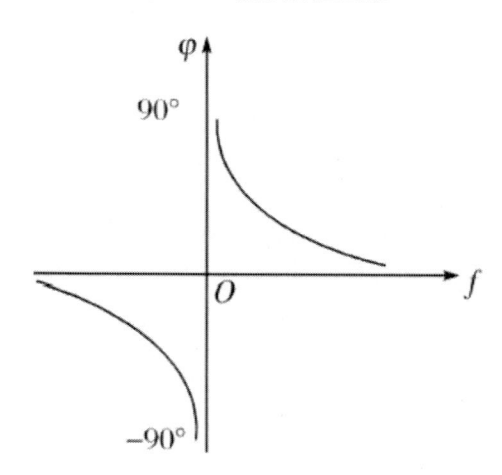

圖 5-4-6 相頻特性曲線

三、實驗儀器

1. 函數訊號產生器 1 台

2. 雙通道示波器 1 台

3. 交流毫伏表 1 台

4. RC 選頻網路實驗板

5. 頻率計數器 1 台

6. 導線若干

四、預習要求

（一）學習函數訊號產生器的使用，雙通道示波器的使用與讀數的方法。

（二）學習模擬軟體 Multisim 的使用，掌握電路和系統模擬。

（三）利用模擬軟體 Multisim9.0 軟體，完成 RC 選頻網路的特性模擬實驗。

1. 根據電路參數，分別估算文氏橋電路兩組參數時的固有頻率 f_0。

2. 推導 RC 串並聯電路的幅頻、相頻特性的數學運算式。

具體方法：打開模擬軟體 Multisim9.0，在工作區中建立無源 RC 選頻網路的模擬系統（如圖 5-4-7 所示）。

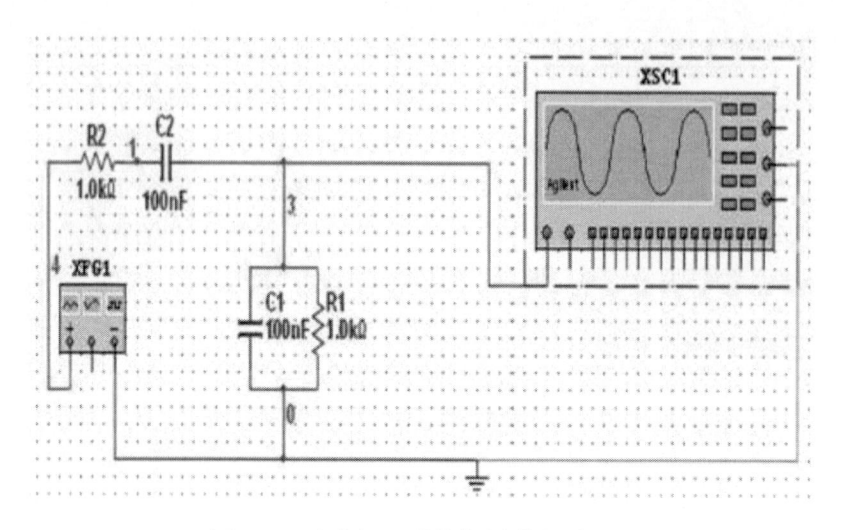

圖 5-4-7 無源 RC 選頻網路的仿真系統圖

3.測試頻率特性

選擇輸入電壓輸入 Ui＝50mV，將訊號產生器接入電路輸入端，調節頻率為 146kHz，保持輸入電壓 Ui 不變，改變頻率 f 由中心頻率向兩邊逐點偏離，測出在不同頻率 f 時對應的輸出電壓 UO，將資料填入表 5-4-1 中。需要注意的是：頻率偏離範圍可根據實際情況確定，在 10kHz~10MHz 之間均可，以保證模擬效果。

4.根據測試出的資料，繪製幅頻特性曲線，總結選頻特性。

表 5-4-1

f（kHz）						146					
U$_O$（mV）											

五、實驗步驟

（一）測量 RC 串、並聯電路的幅頻特性

利用實驗臺上的「RC 串、並聯選頻網路」實驗板線路，連接圖 5-4-1 線路。取 R＝1kΩ，C＝0.1μF；調節訊號源輸出電壓為 3V 的正弦訊號，接入圖 5-4-1 的輸入端；改變訊號源的頻率 f（200Hz~20kHz），用毫伏表測量輸出電壓 U_o；同時用示波器觀察並記錄和的相位差。測定其中心頻率 ω_0 及兩個截止頻率 f_H、f_L，並保持 U_i＝3V 不變，測量輸出電壓 U_o（可先測量 β＝1/3 時的頻率 f_0，然後再在 f_0 左右設定其他頻率點測量）。

（二）取 R＝200Ω，C＝2.2μF，重複上述測量，將資料填入表 5-4-2 中

表 5-4-2

R＝1KΩ， C＝0.1μF	f（Hz）	
	U_o（V）	
R＝200Ω， C＝2.2μF	f（Hz）	
	U_o（V）	

（三）測量 RC 串、並聯電路的相頻特性

將圖 5-4-1 的輸入 Ui 和輸出 Uo 分別接至雙通道示波器的 Y_A 和 Y_B 兩個輸入端，改變輸入正弦訊號的頻率，觀測不同頻率點時，相應的輸入與輸出波形間的時延 τ 及訊號的週期 T。兩波形間的相位差為：$\phi = \phi_o - \phi_i = \frac{\tau}{T} \times 360°$，將數據填入表 5-4-3 中。

表 5-4-3

R＝1KΩ， C＝0.1μF	f（Hz）	
	T（ms）	
	τ（ms）	
	ϕ	
R＝200Ω， C＝2.2μF	f（Hz）	
	T（ms）	
	τ（ms）	

| | | ϕ | | |

（四）測定雙 T 網路的幅頻特性及相頻特性

取 R＝1kΩ，C＝0.1μF，按圖 5-4-4 連接好電路。保持輸入電壓 u_i＝3V 不變，改變頻率（200Hz~20kHz），用毫伏表測量輸出電壓 u_o，同時用示波器觀察並記錄 u_o 和 u_i 的相位差。測定其中心頻率 ω_0，並繪出該雙 T 網路的幅頻特性、相頻特性曲線。

六、實驗報告

1.根據實驗資料，繪製文氏電橋電路的幅頻特性和相頻特性曲線。

2.根據實驗資料繪製幅頻特性和相頻特性曲線，找出 f_0，並與理論計算值比較，分析誤差原因。

3.討論實驗結果，心得體會及其他。

4.完成實驗項目模擬和實驗報告。

七、實驗現象

1.測量帶通和帶阻頻率特性時，要先測出中心頻率 f_0，然後在兩側依次選取 10 個以上測試點，測試頻率的選取應注意對數座標的刻度，頻率範圍應使 ω/ω_0 不小於 0.1~10。

2.測試過程中，當改變函數訊號產生器的頻率時，其輸出電壓有時將發生變化，因此，測試時，需用毫伏表監測函數訊號產生器的輸出電壓，使其保持不變。

3.測量相頻特性時，雙跡法測量誤差較大，操作、讀數應力求仔細、合理。要調節好示波器的聚焦，使線條清晰，以減小讀數誤差。

八、注意事項

由於訊號源內阻的影響，輸出幅度會隨訊號頻率變化。因此，在調節輸出頻率時，應同時調節輸出幅度，使實驗電路的輸入電壓保持不變。

實驗五　雙埠網路實驗

一、實驗目的

1.加深理解雙埠網路的基本理論。

2.掌握直流雙埠網路傳輸參數的測量技術。

3.掌握雙埠網路的 T 參數方程和求參數的方法。

4.進一步熟悉萬用電表的使用。

二、實驗原理

四端網路如圖 5-5-1 所示。

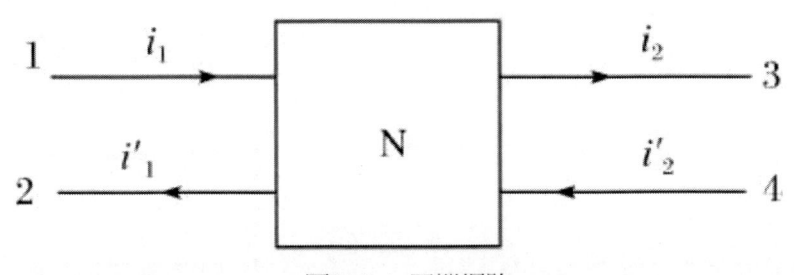

圖 5-5-1　四端網路

雙埠網路：當滿足 $i_1=i'_1$，$i_2=i'_2$ 時的四端網路稱為雙埠網路（如圖 5-5-2 所示）。

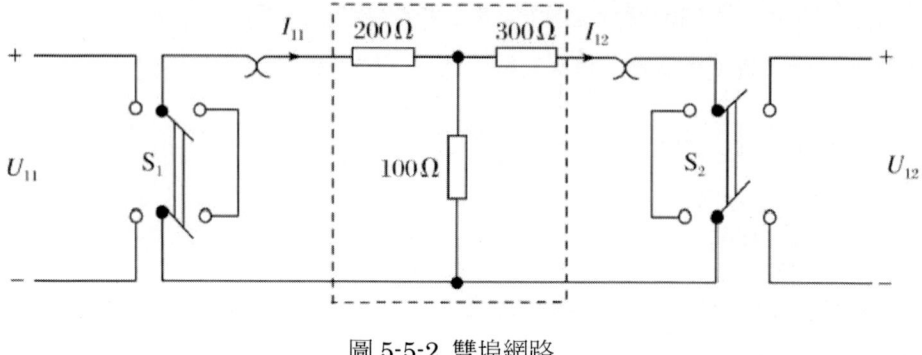

圖 5-5-2 雙埠網路

注意：如果 $i_1 \neq i'_1$，$i_2 \neq i'_2$，此四端網路就不能稱為雙埠網路。

當四端網路 N 中只包含線性元件如 R、L、C 及受控源（控制量也必須在 N 內），則 N 必是雙埠網路。當 N 內有受控源，稱之為有源雙埠網路；反之稱為無源雙埠網路。

埠方程：如圖 5-5-3 所示，$\dot{U}_1$、$\dot{U}_2$、$\dot{I}_1$、$\dot{I}_2$ 中任意選定兩個為自變數（諧振），其他兩個為因變數（回應）所列得的一組方程式。

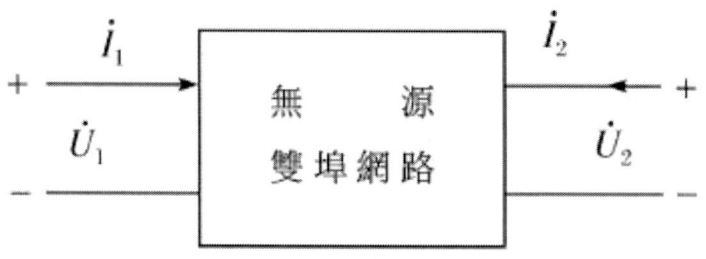

圖 5-5-3 無源雙埠網路圖

網路參數：每一組埠方程所給出的一組係數。不同的埠方程所對應的係數具有不同的物理含義。一般而言，網路參數包含 Y 參數、Z 參數、H 參數以及 T 參數，本書只涉及 T 參數。

T 參數方程：

$$\begin{cases} \dot{U}_1 = A\dot{U}_2 + B(-\dot{I}_2) \\ \dot{I}_1 = C\dot{U}_2 + B(-\dot{I}_2) \end{cases}$$

T 參數的物理含義：

$A = \dfrac{U_{10}}{U_{20}}$（令 $I_2 = 0$，即輸出口開路）

$B = \dfrac{U_{1S}}{I_{2S}}$（令 $U_2 = 0$，即輸出口短路）

$C = \dfrac{I_{10}}{U_{20}}$（令 $I_2 = 0$，即輸出口開路）

$D = \dfrac{I_{1S}}{I_{2S}}$（令 $U_2 = 0$，即輸出口短路）

其中，U_1、I_1 為輸入口的電壓和電流，U_2、I_2 為輸出口的電壓和電流。

本實驗採用輸出埠的 $\dot{U}_2$、$\dot{I}_2$ 為引數，輸入埠的 $\dot{U}_1$、$\dot{I}_1$ 為因變數，所得方程為雙埠網路的傳輸方程，即 T 參數方程。

為了測量方便可採用分別測量法，即先在輸入口加電壓，而將輸出口開路和短路，在輸入口測量電壓和電流，由傳輸方程可得：

$R_{10} = \dfrac{U_{10}}{I_{10}} = \dfrac{A}{C}$（令 $I_2 = 0$，即輸出口開路）

$R_{1S} = \dfrac{U_{1S}}{I_{1S}} = \dfrac{B}{D}$（令 $U_2 = 0$，即輸出口短路）

然後在輸出口加電壓測量，而將輸入口開路和短路，此時可得

$$R_{20}=\frac{U_{20}}{I_{20}}=\frac{D}{C}（令 I_1=0，即輸入口開路）$$

$$R_{2S}=\frac{U_{2S}}{I_{2S}}=\frac{B}{A}（令 U_1=0，即輸入口短路）$$

R_{10}，R_{1S}，R_{20}，R_{2S} 分別表示四種情況的等效輸入電阻，通過計算，四個等效電阻具有下列關係：

$$\frac{R_{10}}{R_{10}}=\frac{R_{1S}}{R_{2S}}=\frac{A}{D} 即 AD-BC=1$$

從而可求出 A、B、C、D 四個傳輸參數：

$$A=\sqrt{R_{10}(R_{20}-R_{2S})}，B=R_{2S}A，C=A/R_{10}，D=R_{20}C$$

三、實驗儀器

1.萬用電表一隻

2.電阻若干

3.電路接線板一塊

4.電路連接線若干

5.可調直流穩壓電源 1 台

四、預習要求

1.學習萬用電表的使用，如果是模擬萬用電表則注意極性以及讀數的準確性，見附錄。

2.完成下列填空題：

（1）如圖 5-5-4 所示，請寫出雙埠網路的 T 參數 A=＿＿＿＿、B =＿＿＿＿、C =＿＿＿＿、D =＿＿＿＿。

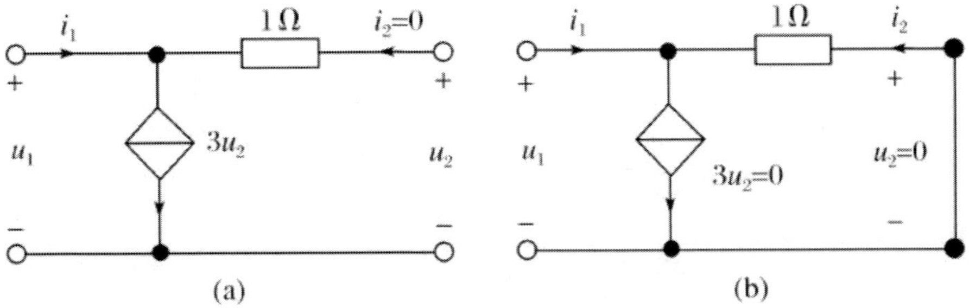

圖 5-5-4 帶受控源的雙埠網路

（2）在如圖 5-5-2 所示的電路中，將直流穩壓電源輸出電壓調至 10V，作為雙埠網路的輸入，請寫出雙埠網路的 T 參數 A=＿＿＿＿、B=＿＿＿＿、C=＿＿＿＿、D=＿＿＿＿。

3.利用 Multisim9.0 軟體，完成下列模擬實驗：

（1）在如圖 5-5-2 所示的電路中，將直流穩壓電源輸出電壓調至 5V，作為雙埠網路的輸入，請觀察 U_{10}、I_{10}、U_{1S}、I_{1S}、U_{20}、I_{2S}。

輸出開路的 U_{10}：

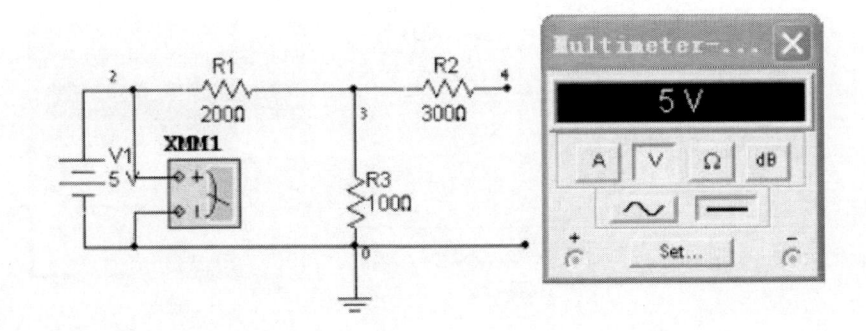

輸出開路的 U_{20}：

输出开路的 I_{10}：

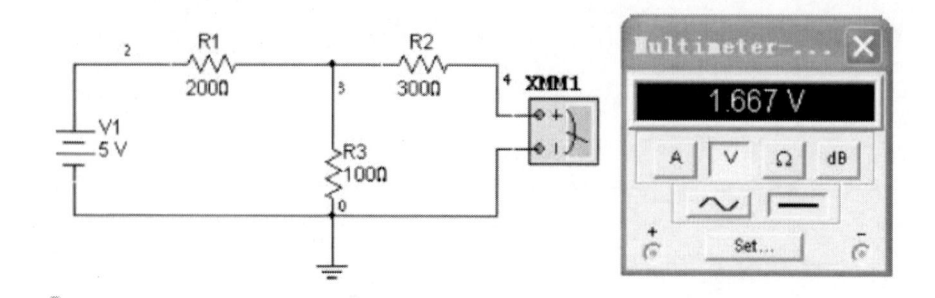

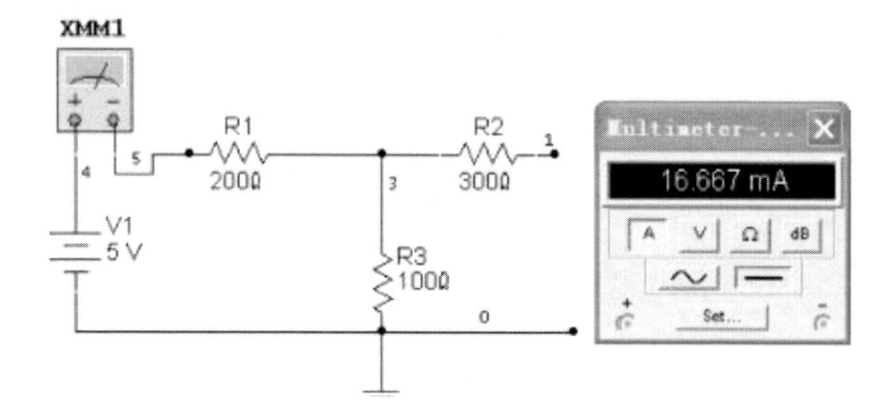

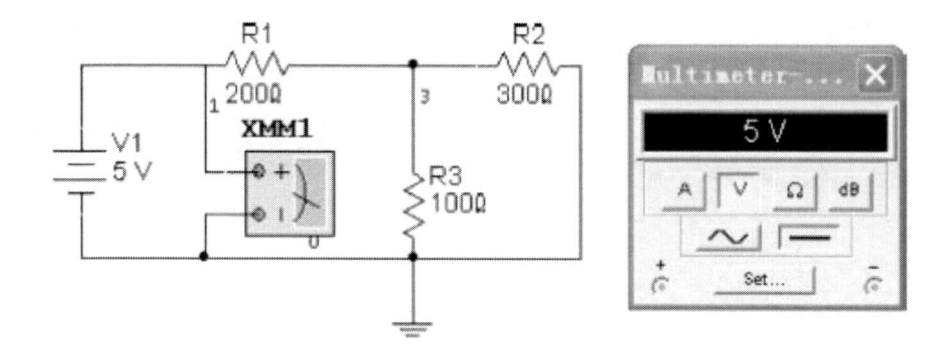

输出短路的 U_{1S}：

输出短路的 I_{1S}：

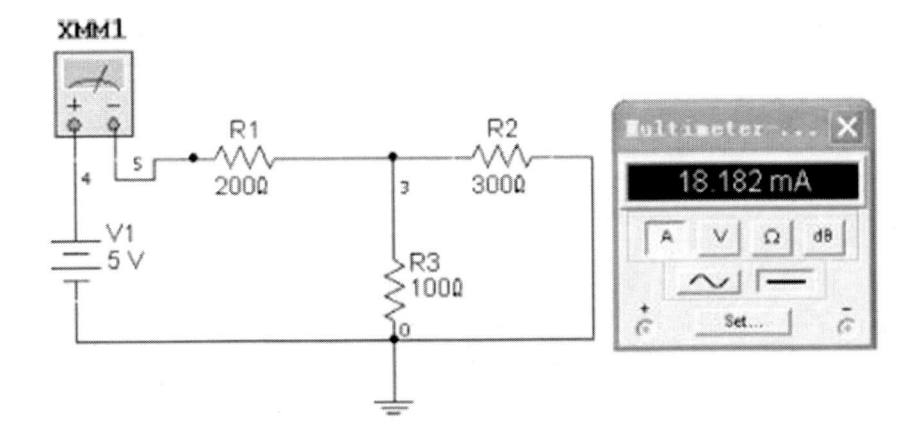

輸出短路的 I_{2S}：

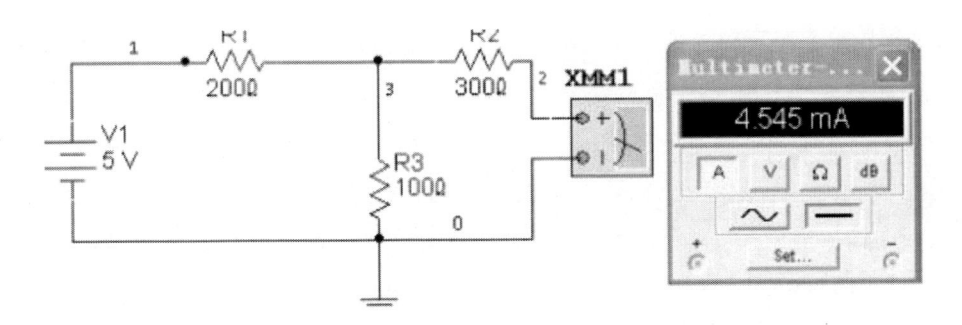

（2）根據以上模擬結果，計算出雙埠網路的 T 參數 A＝_____、B＝_____、C＝_____、D＝_____。

（3）將圖 5-5-2 所示的電路中的電阻 200Ω 換成 100μF 的電容，電源換成頻率為 1000Hz，幅度為 1V 的正弦訊號，用 Multisim 模擬觀測 U_{10}、I_{10}、U_{1S}、I_{1S}、U_{20}、I_{2S} 的波形、大小以及相位。

五、實驗步驟

1.雙埠網路實驗電路如圖 5-5-5 所示。將直流穩壓電源的輸出電壓調到 10V，作為雙埠網路 U_{11} 和 U_{21} 的輸入。按同時測量法分別測定兩個雙埠網路的傳輸參數 A_1、B_1、C_1、D_1 和 A_2、B_2、C_2、D_2，並列出它們的傳輸方程（注意電流方向）。

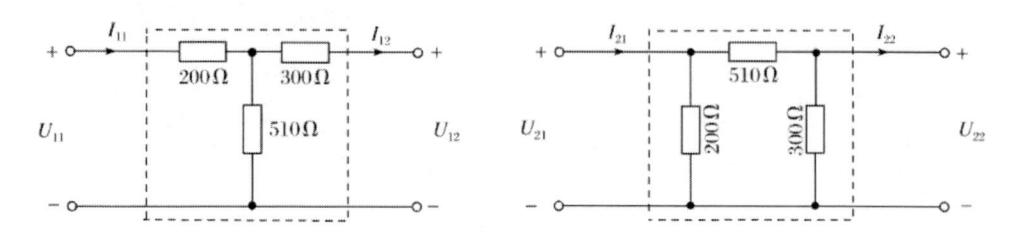

圖 5-5-5 雙埠網路實驗圖

2.按照圖 5-5-5 所示連接好線路。

3.利用萬用電表分別測量兩雙埠網路在輸出開路和短路兩種情況下對應的 U_{10}、I_{10}、U_{1S}、I_{1S}、U_{20}、I_{2S}。並將數據填入表 5-5-1。

表 5-5-

雙口網絡 I	輸出端開路 $I_{12}=0$	測量值			計算值	
		U_{110}（V）	U_{120}（V）	I_{110}（mA）	A_1	C_1
	輸出端短路 $U_{12}=0$	S	S	S	B_1	D_1
雙口網絡 II	輸出端開路 $I_{12}=0$	測量值			計算值	
		U_{210}（V）	U_{220}（V）	I_{210}（mA）	A_2	C_2
	輸出端短路 $U_{22}=0$	S	S	S	B_2	D_2

六、實驗報告

1.根據測量的資料計算表 5-5-1 中的 A、B、C、D 值。

2.根據測量的資料計算 R_{10}、R_{1S}、R_{20}、R_{2S} 的值，並驗證其與 A、B、C、D 之間的關係。

3.回答下列思考題：

（1）比較 T 參數的測量結果與理論計算資料，分析誤差。

（2）雙埠網路參數是否與外加電壓和電流有關？為什麼？

（3）雙埠網路級聯後，等效雙埠網路參數與參與級聯的兩個雙埠網路參數有關，請問哪種級聯方式滿足：

$A=A_1A_2+B_1C_2$ $B=A_1B_2+B_1D_2$

$C=C_1A_2+D_1C_2$ $D=C_1B_2+D_1D_2$

七、實驗現象

1.輸出端短路時，用萬用電表測量各線路的指示值。

2.輸出端開路時，用萬用電表測量各線路的指示值。

八、注意事項

1.用類比萬用電表測量電壓電流時，請注意極性和量程，以免損壞儀表；測量電流時，應將萬用電表串聯接入電路中，測量電壓應將萬用電表並聯接入電路中。

2.測量的時候，注意電路中的電流方向，以免計算時將「＋」「－」符號混淆。

3.本實驗採用的純電阻電路，如果是非純電阻電路，請注意測試的方式和測量儀器的選擇。

第六章 磁路與鐵芯線圈電路

實驗一 單相雙繞組變壓器

一、實驗目的

1.用交流法判定變壓器繞組的同名端,學會測定變壓器的變壓比;

2.學會單相變壓器的無載實驗、短路實驗的方法;

3.通過測量,計算變壓器的各項參數;

4.學習變壓器外特性測試方法;

5.瞭解變壓器阻抗變換作用;

6.學會測繪變壓器的無載特性短路特性與外特性。

二、實驗原理

變壓器是一種靜止電器,用來把某一電壓的交流電流轉換為同一頻率另一電壓的交流電流。如圖 6-1-1 所示是一個單相雙繞組變壓器工作時的結構示意圖,為了減小能量損失,實際應用的單相變壓器大都是把繞制一二次繞組的絕緣銅線,密繞在一個線框上。單相雙繞組變壓器有兩個繞組,一個是一次繞組(primary winding)或稱原線圈(primary coil),接在電源上,一個是二次繞組(secondary winding),對外輸出能量。一次繞組的電壓比二次繞組的電壓低,則是升壓變壓器;反之,是降壓變壓器。

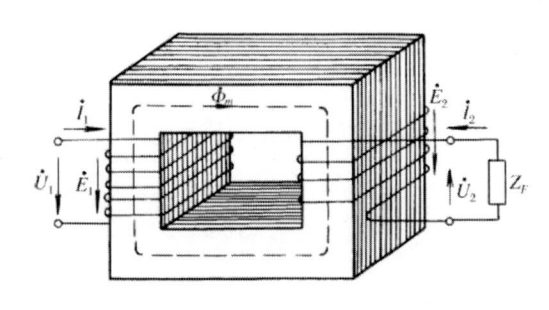

圖 6-1-1

　　圖 6-1-2 為測試變壓器參數的電路（可把它看成是升壓變壓器）。由各儀表讀得變壓器原邊（AX，低壓側）的 U_1、I_1、P_1 及副邊（ax，高壓側）的 U_2、I_2，並用萬用電表 R×1 擋測出一、二次繞組的電阻 R1 和 R2，即可算得變壓器的以下各項參數值：

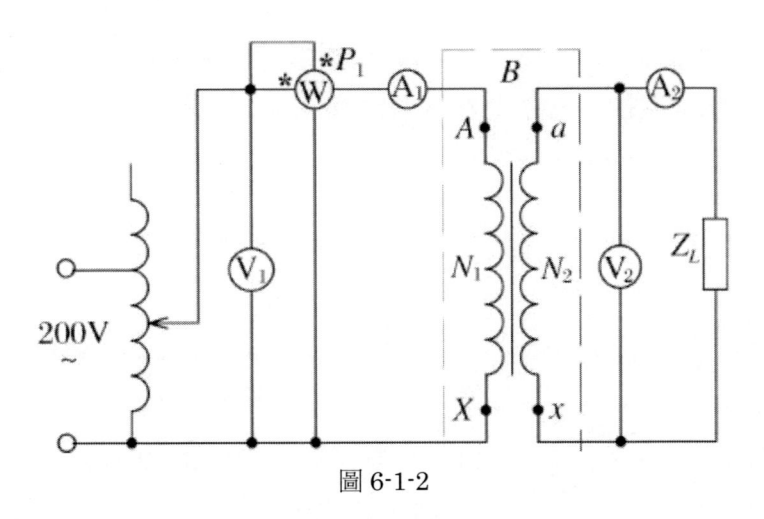

圖 6-1-2

電壓比 $K_U = \frac{U_1}{U_2}$，電流比 $K_I = \frac{I_2}{I_1}$，阻抗比 $K_Z = \frac{Z_1}{Z_2}$，

一次繞組阻抗 $Z_1 = \frac{U_1}{I_1}$，二次繞組阻抗 $Z_2 = \frac{U_2}{I_2}$

負載功率 $P_2 = U_2 I_2 \cos\phi_2$，損耗功率 $P_o = P_1 - P_2$，

功率因數 $\cos\theta = \frac{P_1}{U_1 I_1}$，一次繞組銅耗 $P_{Cu1} = I_1^2 R_1$，

二次繞組銅耗 $P_{Cu2} = I_2^2 R_2$，鐵耗 $P_{Fe} = P_o - (P_{Cu1} + P_{Cu2})$

變壓器同名端的判別方法：如圖 6-1-2，假如 A 點與 a 點是同名端，若將 X 點與 x 點短路連接，用萬用電表電壓擋測量 VAa 的電壓，則 $V_{Aa}=V_1-V_2$；反之，假如 A 點與 a 點是異名端，則 $V_{Aa}=V_1+V_2$。

（一）鐵芯變壓器是一個非線性元件，鐵芯中的磁感應強度 B 決定於外加電壓的有效值 U

當二次邊開路（即無載）時，一次邊的激磁電流 I_{10} 與磁場強度 H 成正比。在變壓器中，二次邊無載時，一次邊電壓與電流的關係稱為變壓器的無載特性，這與鐵芯的磁化曲線（B-H 曲線）是一致的。

無載實驗通常是將高壓側開路，由低壓側通電進行測量，又因無載時功率因數很低，故測量功率時應採用低功率因數瓦特表。此外因變壓器無載時阻抗很大，故電壓表應接在電流表外側。

短路實驗是將變壓器原邊接自耦電壓調整器，然後由零緩緩上升原邊電流達到原邊額定電流時，測出原邊電流、電壓、功率，計算出原邊等效阻抗 Z。

（二）變壓器外特性測試

為了滿足三組燈泡負載額定電壓為 220V 的要求，故以變壓器的低壓（36V）繞組作為一次邊，220V 的高壓繞組作為二次邊。

在保持一次邊電壓 U1（＝36V）不變時，逐次增加燈泡負載（每個燈泡為 15W），測定 U_1、U_2、I_1 和 I_2，即可繪出變壓器的外特性曲線，即負載特性曲線 $U_2=f(I_2)$。

三、實驗儀器

1.三相自耦電壓調整器（0~450V）1 個

2.交流電壓表　　　　　　　2 台

3.交流電流表　　　　　　　2 台

4.功率表　　　　　　　　　　1台（DGJ-07）

5.試驗變壓器　　　　　　　　36V/220V50VA1

6.白熾燈　　　　　　　　　　15W/220V（DGJ-04）

四、預習要求

1.熟悉將要使用的實驗平臺，學習電壓調整器、功率表的使用。

2.當一個雙繞組變壓器工作時，兩個繞組的電壓分別是 36V 與 220V，如果要把它作為降壓變壓器使用，次繞組的電壓是 220V，那麼原繞組的電壓應該是＿＿＿＿V。

3.如圖 6-1-2 的實驗電路，負載 ZL 用燈泡代替。若 ZL 的功率分別設定為 15W、30W、45W，電壓表 V_2 設定為 220V，那麼，電流表 A_2 的讀數分別是＿＿＿＿A、＿＿＿＿A、＿＿＿＿A，模擬瓦特表的讀數分別是＿＿＿＿W、＿＿＿＿W、＿＿＿＿W。

4.為什麼變壓器的激磁參數一定是在無載實驗加額定電壓的情況下求出？

5.模擬變壓器二次級不接地會出現什麼情況？

6.模擬電燈固定電壓時，電燈功率大小與電流的關係是什麼？

五、模擬實驗

用模擬的方法，畫出各實驗曲線，做實驗前把自己做的模擬實驗資料帶上，以便與真實的實驗資料相比較。

模擬實驗電路（如圖 6-1-3）是根據圖 6-1-2 實驗電路來模擬的。電路中的負載 ZL，用三隻帶開關的 15W/220V 的模擬燈泡來代替。無載實驗時，三隻燈泡的開關都置於斷開狀態，負載大小可以通過控制燈泡的各個開關的通斷來改變。做短路實驗時，需設定變壓器的損耗參數。

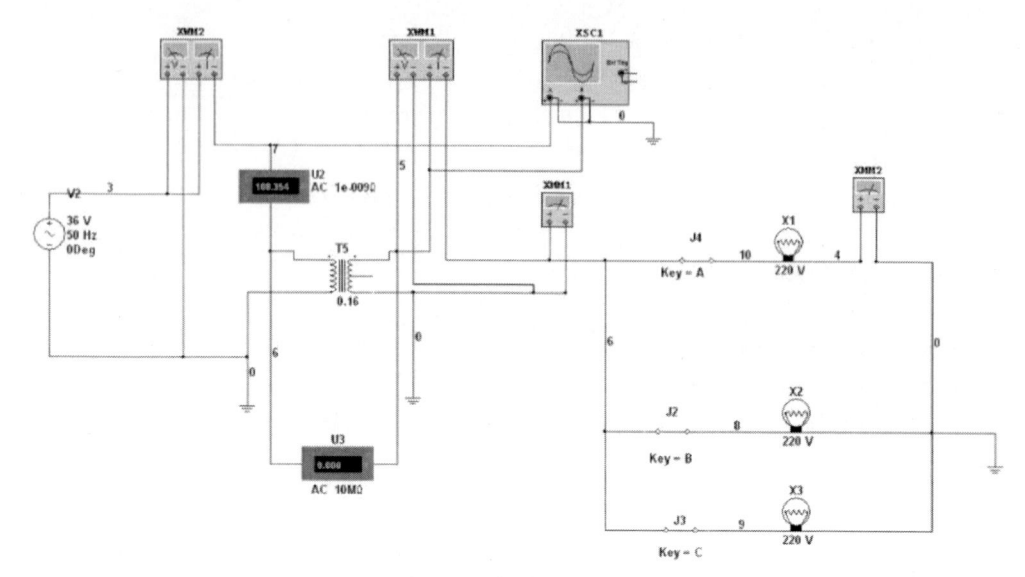

圖 6-1-3 仿真實驗電路

電路中 X 與 x 兩點在模擬電路中是共地的，A 與 a 兩點接有一模擬萬用電表，測量其電壓（如圖 6-1-4 所示），目的是用於判別模擬變壓器同名端電壓 V_{Aa} 大小與 V_{AX}、V_{ax} 之間的關係。

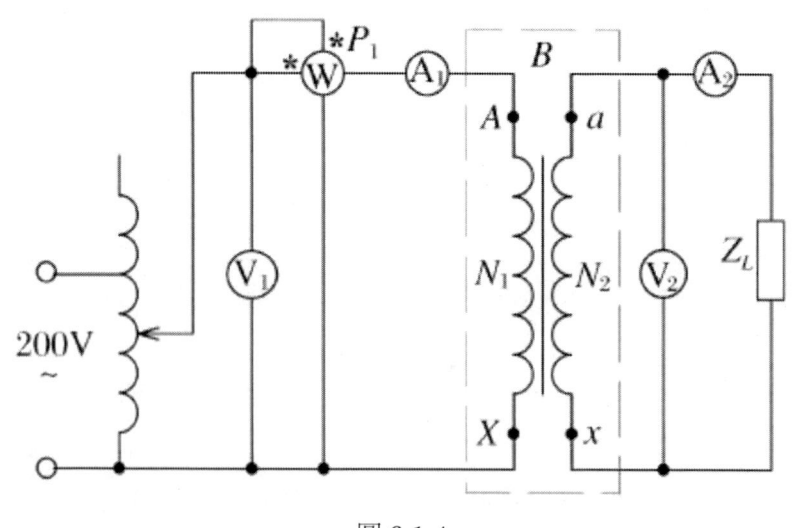

圖 6-1-4

六、實驗步驟

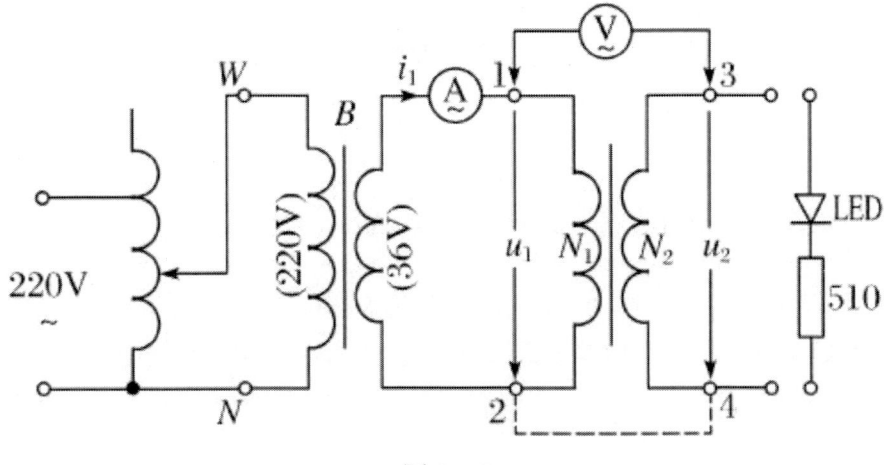

圖 6-1-5

1. 用交流法判別變壓器繞組的同名端。

本方法中，由於加在 N_1 上的電壓僅 2V 左右，直接用屏內電壓調整器很難調節，因此採用圖 6-1-3 的線路來擴展電壓調整器的調節範圍。圖中 W、N 為主屏上的自耦電壓調整器的輸出端，B 為 TKDG-04 掛箱中的升壓鐵芯變壓器，此處作降壓用。將 N_2 放入 N_1 中，並在兩線圈中插入鐵棒。A 為 2.5A 以上量程的電流表，N_2 側開路。

連接 2、4 兩點，接通電源前，應首先檢查自耦電壓調整器是否調至零位，確認後方可接通交流電源，慢慢調節自耦電壓調整器，使自耦電壓調整器輸出一個很低的電壓（約 2V 左右），讓流過電流表的電流小於 1.4A，然後用 0~30V 量程的交流電壓表測量 U_{13}，U_{12}，U_{34}，判定同名端。

將 2、3 相接，重複上述步驟，判定同名端。

2. 拆除 2、3 連線，測 U_1，I_1，U_2，計算出 M。

3. 將低壓交流加在 N_2 側，使流過 N_2 側電流小於 1A，N_1 側開路，按步驟 2 測出 U_2、I_2、U_1。

4. 用萬用電表的 R×1 擋分別測出 N_1 和 N_2 線圈的電阻值 R_1 和 R_2，計算 K 值。

5.如圖 6-1-2 接線，將電壓調整器手柄置於輸出電壓零的位置。然後合上電源開關，並調節電壓調整器，使其輸出電壓等於變壓器低壓側的額定電壓，分別測試負載開路及逐次增加負載之額定值電壓，將 5 個儀表的讀數記入自擬的資料表格，繪製變壓器外特性曲線。

6.實驗完畢將電壓調整器調回零位，斷開電源。

7.將高壓線圈（二次邊）開路，確認電壓調整器處在零位後，合上電源，調節電壓調整器輸出電壓，使 U_1 從零逐次上升到 1.2 倍的額定電壓（1.2×36V），分別記下各次測得的 U_1、U_2 和 I_1 資料，記下自擬的資料表格，繪製變壓器的無載特性曲線。

8.短路實驗。

按圖 6-1-6 接線，變壓器高壓邊接自耦電壓調整器（務必先使電壓調整器輸出端為零），低壓邊用粗線短接。接通電源，自耦電壓調整器由零緩緩上升至原邊電流達到原邊額定電流（0.45A）。記下原邊電流、電壓、功率，計算原邊等效阻抗 Z，將資料填入表 6-1-1。

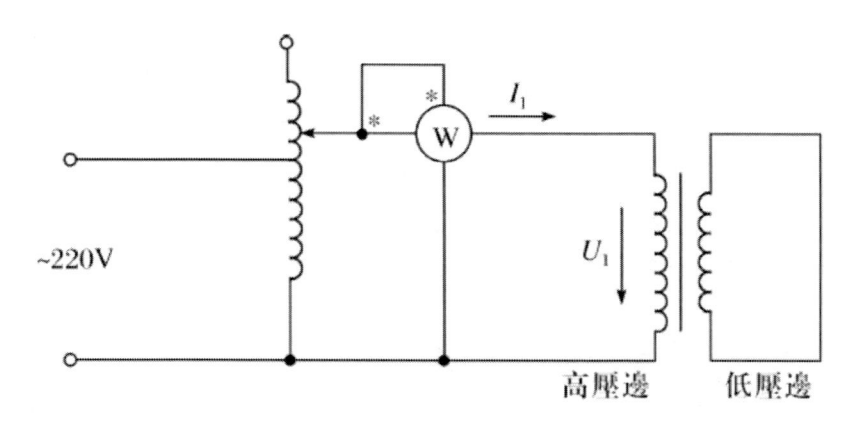

圖 6-1-6 變壓器短路實驗

表 6-1-1

測　　量			計　　算
I_1	U_1	P_1	Z

七、實驗報告

1.根據實驗內容，自擬資料表格，繪出變壓器的外特性和無載特性曲線。

2.根據額定負載時測得的資料，計算變壓器的各項參數。

3.計算變壓器的電壓調整率。

4.心得體會及其他。

八、注意事項

1.本實驗是將變壓器作為升壓變壓器使用，並用電壓調整器提供一次邊電壓U_1，故使用電壓調整器時應首先調至零位，然後才可合上電源。此外，必須用電壓表監視電壓調整器的輸出電壓，防止被測變壓器輸出過高電壓而損壞實驗設備。

2.由負載實驗轉到無載實驗時，要注意及時變更儀表量程。

3.若有異常情況，應立即斷開電源，待處理好故障後，再繼續實驗。

第七章 電工測量

實驗一 單相電能表的校驗

一、實驗目的

1.掌握單相電能表的接線方法。

2.學會單相電能表的校驗方法。

3.熟悉電能表的結構及工作原理。

4.觀察單相電能表的潛動現象及電能表的反轉。

二、實驗原理

1.如圖 7-1-1 所示是單相電能表的外觀圖,它是一種感應式儀表,圖 7-1-2 是其內部結構示意圖。它是根據交變磁場在金屬中產生感應電流,從而產生轉矩的基本原理而工作的儀表,主要用於測量交流電路中的電能。它的指示器不像其他指示儀表的指標一樣停留在某一位置,而是能隨著電能的不斷增大(也就是隨著時間的延續)而連續地轉動,從而能隨時反映出電能積累的總數值。因此,實際上它是一個「積算機構」,是將轉動部分通過齒輪轉動機構折換為被測電能的數值,由數字及刻度直接指示出來。

圖 7-1-1

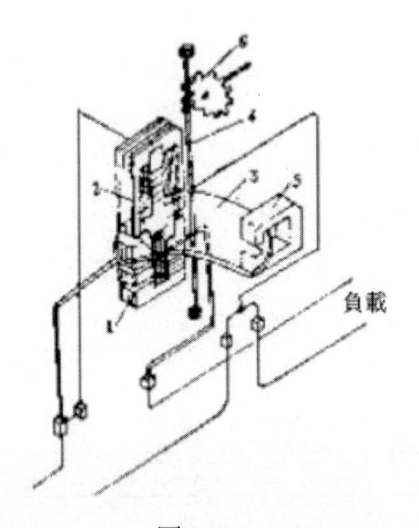

圖 7-1-2

它的驅動元件是由電壓鐵芯線圈和電流鐵芯線圈在空間上、下排列，中間隔以鋁制的圓盤。驅動兩個鐵芯線圈的交流電，建立起合成的特殊分佈的交流電磁場，並穿過鋁盤，在鋁盤上產生出感應電流。該電流與磁場的相互作用結果產生轉動力矩驅使鋁盤轉動。鋁盤上方裝有一個永久磁鐵，其作用是對轉動的鋁盤產生制動力矩，使鋁盤轉速與負載功率成正比。因此，在某一段測量時間內，負載所消耗的電能 W 就與

鋁盤的轉數 n 成正比。即 $N=\frac{n}{W}$，比例係數 N 稱為電能表常數，常在電能表上標明，其單位是轉/千瓦時。

2.電能表的準確度是指被校驗電能表電能測量值 W_N 與標準表指示的實際電能 W_P 指示的相對百分數，即 $\frac{W_X-W_A}{W_A}\times100\%$。本實驗採用功率表、碼表法校驗電能表的準確度。在此，功率表作為標準表使用。在測量時間 T 內，被測電路實際消耗的電能 $W_A=P.T$；如在測量時間 T 內，鋁盤轉數為 n，則被校驗電能表的電能測量值為：

$$W_X=\frac{n}{N}$$

3.電能表的靈敏度是指在額定電壓、額定頻率及 $\cos\phi=1$ 的條件下，從零開始調節負載電流，測出鋁盤開始轉動的最小電流值 I_{min}，則儀表的靈敏度表示為 $S=\frac{I_{min}}{I_N}\times100\%$，式中的 I_N 為電能表的額定電流。I_{min} 通常較小，約為 I_N 的 0.5%。

4.電能表的潛動是指負載電流等於零時，電能表仍出現緩慢轉動的現象。按照規定，無負載電流時，在電能表的電壓線圈上施加其額定電壓的 110%（達 242V）時，觀察其鋁盤的轉動是否超過一圈。凡超過一圈者，判為潛動不合格的電能表。

三、實驗儀器

序號	名　　稱	型號與規格	數量	備　　注
1	電能表	1.5（6）A	1	
2	單相功率表		1	（DGJ-07）
3	交流電壓表	0~500V	1	
4	交流電流表	0~5A	1	
5	自耦電壓調整器		1	
6	白熾燈	220V，100W	3	自備
7	燈泡、燈泡座	220V，15W	9	DGJ-04
8	碼表		1	自備

四、預習要求

1.查找有關資料，瞭解電能表的結構、原理及其校定方法。

2.電能表接線有哪些錯誤接法？它們會造成什麼後果？

3.一單相電能表標明 N＝1200r/kW．h，在某一段時間內，觀察到鋁盤轉了 12 轉，那麼負載在這段時間內所消耗的電能是＿＿＿＿＿kW．h。

4.若電能表的額定電流值為 5A，如果鋁盤開始轉動的最小電流值 I_{min} 為 25mA，那麼這個電能表的靈敏度 S 為＿＿＿＿＿。

五、模擬實驗

由於模擬系統設備庫裡沒有電能表，所以我們只有用別的方法來模擬模擬電能表。由於電能表的原理是把取樣電能轉變為機械能來推動鋁盤的轉動，所以我們考慮用儀器組合來類比圖 7-1-1 中電能表鋁盤的轉動，以模擬實驗說明電能表校驗原理。

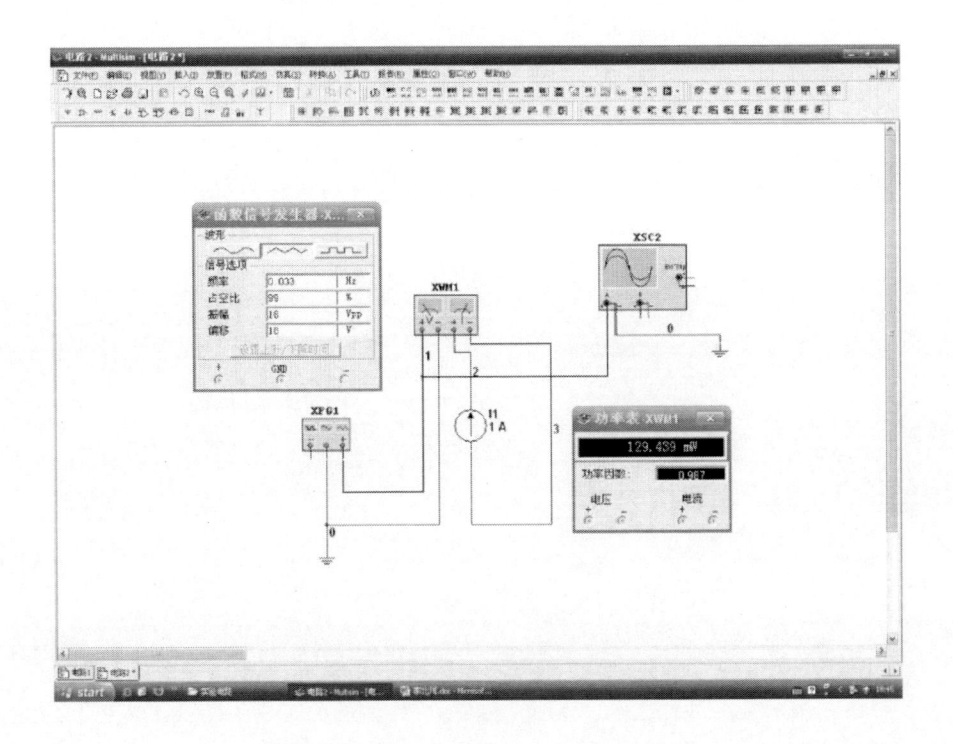

圖 7-1-3 仿真實驗電路

用功率表、函數產生器、電流源組合來實現功率表的功率數增加與時間成正比，並用這個增加量來代表鋁盤的轉動。模擬圖 7-1-1 功率表的電壓線圈接函數產生器，函數產生器輸出一個鋸齒波電壓，使電壓線圈上的電壓隨時間線性增長，電流線圈接一電流源，運行時可以看見功率表的讀數隨時間的增加而增加。

設計時考慮功率表隨時間增加一瓦的時間與圖 7-1-1 電能表轉盤轉一圈的時間相同，這樣就可以用功率表隨時間增加的數量來代替電能表鋁盤的轉數。

模擬實驗電路如模擬圖 7-1-2，它是圖 7-1-3 電路的模擬。

運行後，先算出作電能表的那台功率表的讀數增加一瓦（即一轉 n＝1），所消耗的電能，則 $N = \dfrac{1}{\text{負載上的功率（千瓦）} \times 1 \text{ 转所需时 （小时）}}$

定義了 N，就可以做模擬實驗了，模擬實驗電路如圖 7-1-4 所示。

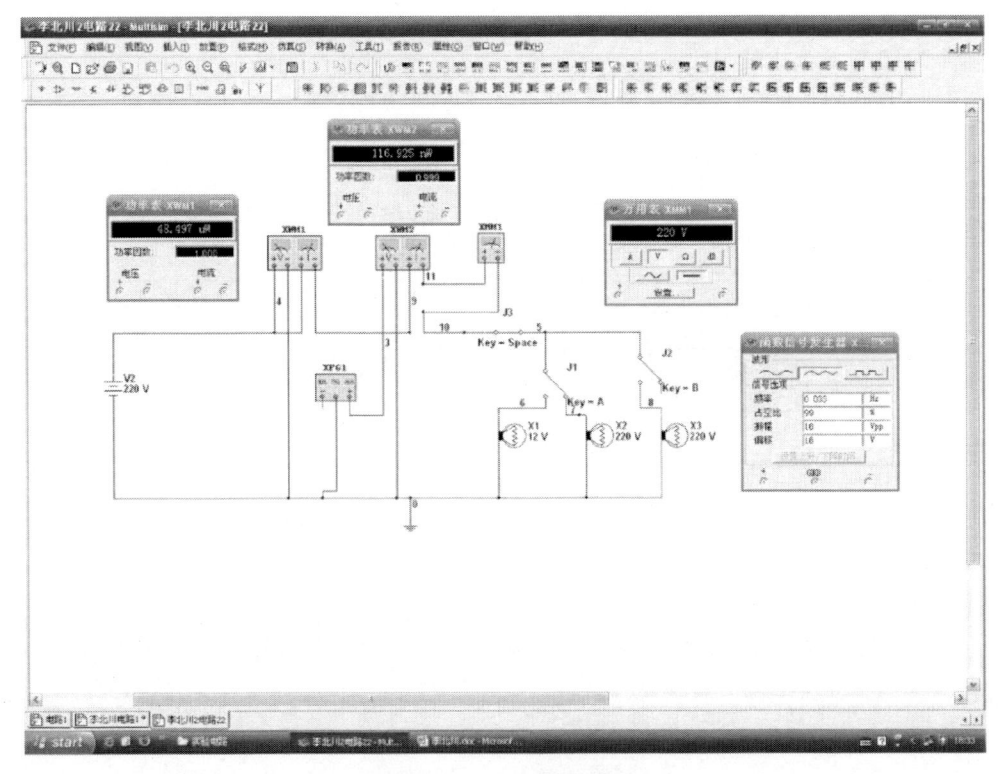

圖 7-1-4 仿真實驗電路

六、實驗步驟

記錄被校驗電能表的資料：額定電流 I_N = ＿＿＿＿＿，額定電壓 U_N = ＿＿＿＿＿，電能表常數 N = ＿＿＿＿＿，準確度＿＿＿＿＿。

（一）用功率表、碼表法校驗電能表的準確度

按圖 7-1-5 接線。電能表的接線與功率表相同，其電流線圈與負載串聯，電壓線圈與負載並聯。線路中電壓表及電流表作檢測用。

圖 7-1-5

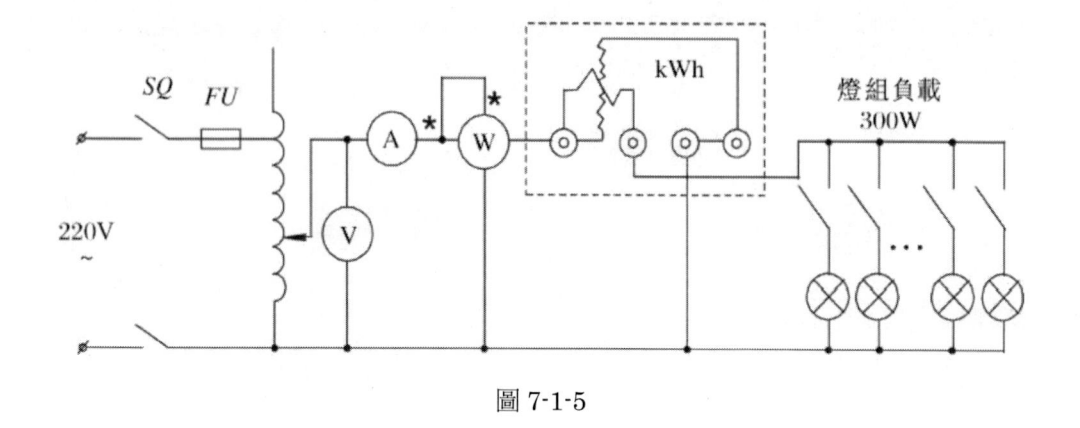

　　線路經指導教師檢查無誤後，接通電源。將電壓調整器的輸出電壓調到 220V，按表 7-1-1 的要求接通燈組負載，用碼表定時記錄電能表轉盤的轉數及記錄各儀表的讀數。

　　為了準確計時及計圈數，可將電能表轉盤上的一小段著色標記剛出現（或剛結束）時作為碼表計時的開始，並同時讀出電能表的起始讀數。此外，為了能記錄整數轉數，可先預定好轉數，待電能表轉盤剛轉完此轉數時，作為碼表測定時間的終點，並同時讀出電能表的終止讀數。所有資料記入表 7-1-1。

　　建議 n 取 10 圈，則加上負載時，需要時間 2 分鐘左右。

　　為了準確和熟悉起見，可重複多做幾次。

表 7-1-1

負載情況	測量值							計算值		
	U(V)	I(A)	電表讀數(kWh)			時間(s)	轉數 n	計算電能 W (kWh)	ΔW/W(%)	電能表常數 N
			起	止	W					
9×15W										
6×15W										

（二）電能表靈敏度的測試

148

電能表靈敏度的測試要用到專用的變阻器，一般都不具備。此處可將圖 7-1-5 中的燈組負載改成三組燈組相串聯，並全部用 220V、15W 燈泡，再在電能表與燈組負載之間串接 8W，10kΩ~30kΩ 的電阻（取自 DG09 掛箱上的 8W，10kΩ、20kΩ 電阻），每組先開通一隻燈泡。接通 220V 後看電能表轉盤是否開始轉動，然後逐個增加燈泡或者減少電阻。直到轉盤開轉，則這時電流表的讀數可大致作為其靈敏度，可自行估算其誤差。

（三）檢查電能表的潛動是否合格

斷開電能表的電流線圈回路，調節電壓調整器的輸出電壓為額定電壓的 110%（即 242V），仔細觀察電能表的轉盤是否轉動，一般允許有緩慢轉動。若轉動不超過一圈即停止，則該電能表的潛動為合格，反之則不合格。

將電能表的進火線與出火線調換，觀察電能表的反轉。

做此實驗前應使電能表轉盤的著色標記處於可看見的位置。由於負載很小，轉盤的轉動很緩慢，必須耐心觀察。

七、實驗報告

1.完成上述資料測試和清單記錄。

2.對被校電能表的各項技術指標做出評價，說明所校驗的電能表的準確度。

3.對校表工作的體會。

4.其他。

八、注意事項

1.本實驗台配有一隻電能表，實驗時，只要將電能表掛在 DGJ-04 掛箱上的相應位置，並用螺母緊固即可。接線時要卸下護板。實驗完畢，拆除線路後，要裝回護板。

2.記錄時，同組同學要密切配合。碼表定時、讀取轉數和電能表讀數步調要一致，以確保測量的準確性。

3.實驗中用到 220V 強電，操作時應注意安全。凡需改動接線，必須切斷電源，接好線後，檢查無誤才能加電。

實驗二　擴大電壓表和電流表量程的方法

一、實驗目的

1.學會測定微安表的內阻。

2.熟悉電流表、電壓表的構造原理，學會改裝電流表、電壓表的基本方法。

3.掌握校準電流表、電壓表的基本方法。

二、實驗原理

用於改裝的微安表量程較小，本身只能測量很小的電流和電壓，將它以不同的電路和元件進行改造，則可測量較大的電流和電壓。

（一）測量微安表的量程和內阻

測定微安表內阻有許多方法，本實驗使用代替法測量微安表的內阻和量程。按圖 7-2-1 所示接線。G_1 為待測的微安表，標準表 G_2 的準確度等級要比微安表 G_1 高 2 級，其量程與微安表 G_1 的量程相接近。

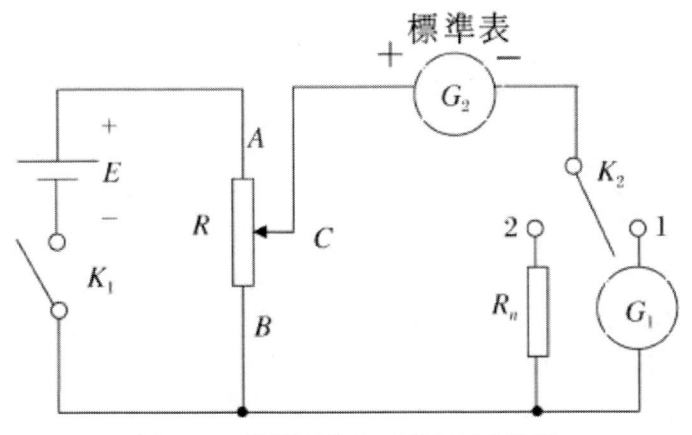

圖 7-2-1 代替法測 G_1 表的量程和內阻

　　開關 K_2 打向 1，調節滑動變阻器 R 使 G_1 剛好滿偏，此時 G_2 的電流值就是 G_1 的量程 I_g，這樣就可以測量出微安表的量程。

　　開關 K_1 閉合，開關 K_2 打向 1，調節變阻器 R，使標準表 G_2 的偏轉值為 n 整數格（注意不能超出 G_1 量程）。再把 K_2 打向 2，調節電阻箱 R_n（R_n 代替微安表 G_1），使 G_2 的偏轉值仍為 n 格，此時 R_n 的示值就等於待測微安表 G_1 的內阻 R_g，這樣就可以測量出微安表的內阻。

（二）將微安表改裝成電流表

　　微安表 G 允許通過的電流很小，為了擴大它的量程，可將它並聯一個阻值較小的分流電阻 R_P，如圖 7-2-2 所示，使其流過微安表的電流 I_g 只是總電流 I 的一部分。電阻 R_P 稱為分流器。

圖 7-2-2 微安表改成電流表

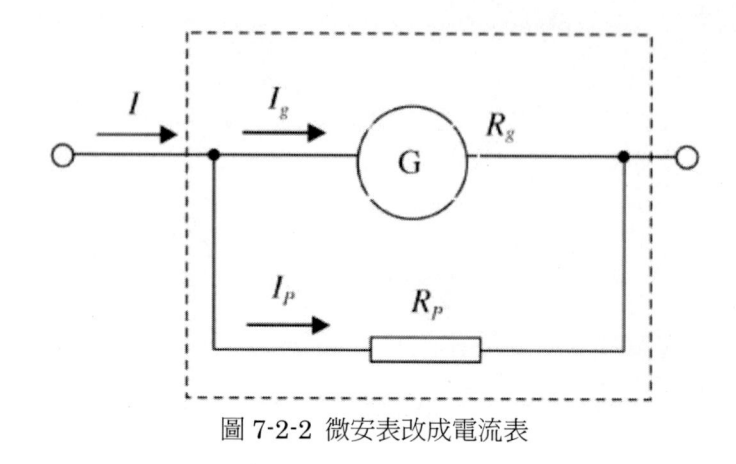

微安表 G 和 R_P 組成的整體就是電流表。選用不同阻值的 R_P 能得到不同量程的電流表。

圖 7-2-2 中，當微安表滿偏時，通過電流表的總量程為 I，通過微安表的電流為 I_g，根據歐姆定律有

$$I_g R_g = (I - I_g) R_P$$

故
$$R_P = \frac{I_g R_g}{I - I_g} \quad (1)$$

若微安表的量程要擴大 $N = \frac{I}{I_g}$ 倍，則 $R_P = \frac{R_g}{N-1}$。

測出微安表的量程 I_g 和內阻 R_g，按所需的電流表量程 I，可算出分流電阻 R_P。

（三）將微安表改裝成電壓表

通常 I_g 和 R_g 的數值不大，$U_g = I_g R_g$ 很小。為了測量較高的電壓，將微安表改裝成電壓表的辦法是，在微安表上串聯一個阻值較大的分壓電阻 R_S（如圖 7-2-3），使超過微安表電壓量程的那部分電壓降落在電阻 R_S 上。電阻 R_S 稱為倍壓器。

微安表和 R_S 組成的整體就是電壓表。選用不同阻值的 R_S 可以得到不同量程的電壓表。

在圖 7-2-3 中，當微安表滿偏時，通過微安表的電流為 I_g，設改裝後電壓表總量程為 U，因為 $U = I_g(R_g + R_S)$，則

$$R_S = \frac{U}{I_g} - R_g \qquad (2)$$

根據改裝電壓表的量程 U、微安表量程 I_g 和內阻 R_g，可算出分壓電阻 R_S。

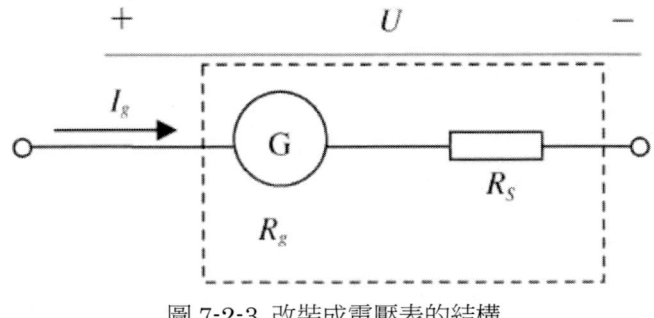

圖 7-2-3 改裝成電壓表的結構

（四）校準改裝後的電表

「校準」就是將改裝後的電表與標準表，同時對同一個物件（如電流或電壓）測量，進行比較，通過與標準值比較來確定電表上每個刻度讀數的正確值。對於線性的電表，一般用調節元件等方法來校準零點和滿刻度兩點，使之與標準值一致；其他各點的校準結果則用來確定該電表的不確定度限值。

1.校準零點。先把電表的兩接線柱短路，然後用螺絲刀調節電表的調零螺絲，使電表的指標指向零點。

2.校準滿刻度。將電表接入相應的標準電路，使待校準的電表與標準電表（選用精度較高的電表）測量同一物理量（如電流、電壓等），然後調節輸入物理量的大小，使標準表的讀數恰好等於待校準電表的滿刻度值，調節待校準電表中的元件（如可變電阻等）的值，使待校準電表的指標指到滿刻度。

3.其他各點的校準。在校準電路中，調節輸入物理量的大小，使待校準的電表的指標指到某一刻度線，用標準電表測出該刻度線所對應的實際讀數，同時記下待校表

和標準表的讀數，分別記為 I_x 和 I_s（或 U_x 和 U_s）。求出兩者的差值 $\triangle I = I_s - I_x$（或 $\triangle_U = U_s - U_x$），如此重複，將改裝表的各個刻度都校準一遍，繪出 $\triangle I\text{-}I_x$（或 $\triangle U\text{-}U_x$）的折線圖，即校準曲線，如圖 7-2-4 所示。

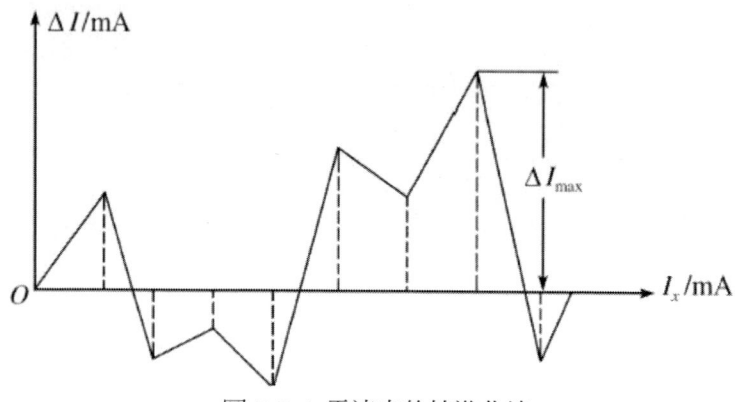

圖 7-2-4 電流表的校準曲線

改裝電流表的精度等級 $K_{電流表}\% = \frac{|\triangle I_{max}|}{I_m} \times 100\% + 0.5\%$，其中 0.5 為標準毫安培表的精度等級；

改裝電壓表的精度等級 $K_{電壓表}\% = \frac{|\triangle U_{max}|}{U_m} \times 100\% + 0.5\%$，其中 0.5 為標準電壓表的精度等級。

根據國家計量局規定的電表的準確度等級：0.1、0.2、0.5、1.0、1.5、2.5、5.0 七個級別，若計算得到 K＝1.3％，則該表等級為 1.5 級。

三、實驗儀器

1.待改裝的微安表 1 個，量程為 $1000\mu A$，等級為 1.0 級。

2.標準毫安培表、標準電壓表各 1 個，等級為 0.2 級。

3.電阻箱 1 個，量程為 99999.9Ω，等級為 0.1 級。

4.滑動變阻器 2 個。

5.直流穩壓電源，輸出電壓約為 1.5V。

6.單刀或雙刀開關，導線若干條。

四、預習要求

（一）完成下列填空題：

1.擴大微安表的量程時，分流電阻 RP 的大小對改裝電流表的量程有何影響？

分流電阻 R_P 越＿＿＿＿＿＿，改裝的電流表量程 I 越大。因為 $U_g＝I_gR_g＝I_PR_P$，R_P 越＿＿＿＿＿＿，則 I_P 越＿＿＿＿＿＿，量程 I 越大。

2.一個量程為 $200\mu A$、內阻 500Ω 的微安表，若要將它的量程擴大到原來的 500 倍，則應當＿＿＿＿＿聯一個電阻 $R_P＝$＿＿＿＿＿＿；它可以測量的最大電壓為＿＿＿＿＿＿。

（二）思考題：能否把量程為 $100\mu A$、內阻為 900Ω 的微安表改裝為 $50\mu A$ 的微安表或 0.1V 電壓表，為什麼？

五、實驗步驟

1.測量微安表的量程和內阻。

2.將量程為 $1000\mu A$、精度等級為 1.0 級的微安表改裝成量程為 10mA 的電流表，要求改裝後電流表的精度等級不低於 1.5 級。

3.將量程為 $1000\mu A$、精度等級為 1.0 級的微安表改裝成量程為 1V 的電壓表，要求改裝後電壓表的精度等級不低於 1.5 級。

六、實驗報告

（一）實驗資料處理及分析

1.微安表的量程和內阻的測量。

微安表的內阻 $R_g=$ _____ ；微安表的量程 $I_g=$ _____ 。

2.將量程為 $1000\mu A$ 的電流表改裝為量程為 10mA 的毫安培表。

（1）改裝表內阻 R＝_____；改裝表量程 I＝_____；RP（計算值）＝_____；RP（實際值）＝_____。

（2）校準

表 7-2-1

改裝表讀數 I_x（mA）	10.00	8.00	6.00	4.00	2.00	0.00
標準表讀數 I_S（mA）						
$\Delta I=I_S-I_x$（mA）						
ΔI_{max}（mA）						
電流表的精度等級 K						

（3）作校準曲線

以 ΔI 為縱坐標，I_x 為橫坐標，作出校準曲線。

3.將量程為 $1000\mu A$ 的電流表改裝為量程 1V 的電壓表。

（1）改裝表內阻 R＝_____；改裝表量程 U＝_____；RS（計算值）＝_____；RS（實際值）＝_____。

（2）校準（表格自行設計）。

（3）作校準曲線。

（二）回答下列思考題

1.分壓電阻 R_S 的大小對改裝電壓表的量程有何影響？校準電壓表時，如果發現改裝表的讀數均相對於標準表的讀數偏高，若要達到標準表的數值，此時改裝表的分壓電阻 R_S 應調大還是調小？為什麼？

2.改裝表的量程校準後，在校準刻度的過程中，為什麼分流電阻 R_P 或分壓電阻 R_S 不能變？

3.試將量程為 $100\mu A$、內阻為 1000Ω 的微安表設計為一個多量程的電流表（如 1mA、10mA、100mA）和電壓表（如 1V、10V、100V），畫出設計電路圖，計算出各分流電阻、分壓電阻的阻值。

七、注意事項

1.測量直流電流通常用磁電式電流表，測量交流電流主要採用電磁式電流表。電磁式電流表測量交流電流時，不用分流器來擴大量程，實驗中注意區別。

2.電流表必須串聯在電路中。為了使電路的工作不因接入電流表而受到影響，電流表的內阻必須很小。如果不慎將電流表並聯在電路的兩端，電流表將被燒毀。

第八章　三相電路

實驗一　三相交流電路的研究

一、實驗目的

1.理解三相負載星形聯接和三角形聯接時，在對稱和不對稱情況下的線電壓與相電壓的關係，線電流與相電流的關係。

2.掌握三相供電方式中三線制和四線制的特點，理解三相負載星形聯接時中線的作用。

3.進一步提高分析、判斷和查找故障的能力。

二、實驗原理

三相電路中負載的聯接方法有兩種：負載星形聯接和負載三角形聯接。

1.負載星形聯接

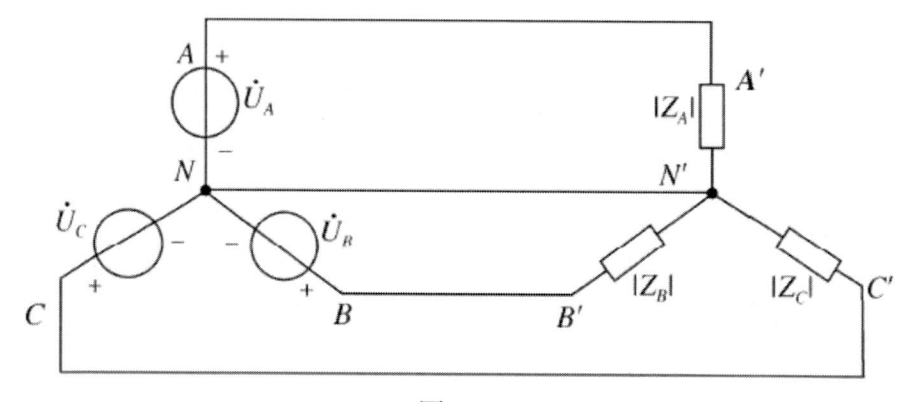

圖 8-1-1

圖 8-1-1 是負載星形聯接的三相四線制電路圖。當線路阻抗不計時，電源相電壓等於負載相電壓，電源相電流等於負載相電流，即 $I_l = I_p$。同時有電源的線電壓等於相電壓的$\sqrt{3}$倍，即：$Ul = \sqrt{3} U_p$。

（1）負載對稱

若負載對稱 $Z_A=Z_B=Z_C$，由於負載相電壓對稱，負載相電流也是對稱的，電壓和電流的相量圖如圖 8-1-2。這時中線電流為 0（$\dot{I}_N=(\dot{I}_A+\dot{I}_B+\dot{I}_C=0$）。此時負載中性點 N´ 和電源中性點 N 之間的電壓為零。所以負載對稱時，有無中線都一樣。

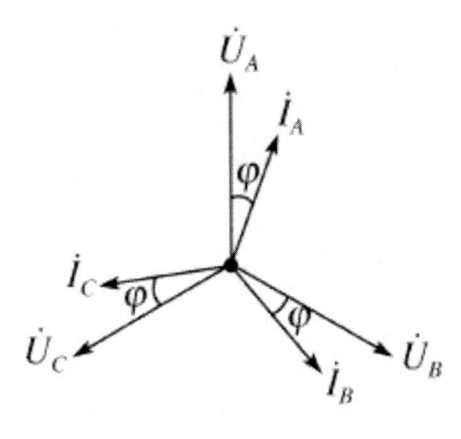

圖 8-1-2

（2）負載不對稱

當某相負載發生短路或開路，或三相電路某條相線斷開，使電路失去對稱性從而成為不對稱的三相電路。

當負載不對稱有中線時，仍有電源的線電壓等於相電壓的3倍，負載相電壓對稱，但負載相電流不再對稱，中線電流也不再為 0。當負載不對稱又無中線時，負載的相電壓不再對稱，且 $U_{NN'}\neq 0$。當負載相電壓不對稱時，必然會引起有的相電壓過高，有的相電壓過低，這都是不允許的。三相電壓必須對稱，因此中性線的作用就是使星形聯接的不對稱負載相電壓對稱。

2.負載三角形聯接

圖 8-1-3

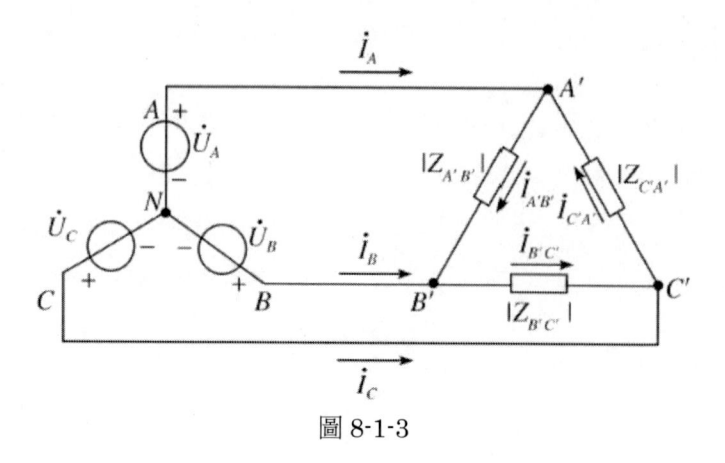

圖 8-1-3 是負載作三角形聯接時的電路圖。若線路阻抗忽略不計時，由於各相負載都直接接在電源的線電壓上，因此負載的相電壓等於電源的線電壓，即 $U_l=U_P$。且無論負載對稱與否，其相電壓總是對稱的。

若負載對稱，負載的相電流也對稱，線電流 I_l 與相電流 I_P 滿足 $I_l=\sqrt{3}I_P$ 的關係。若三相對稱負載一相負載斷路（設 $|Z_{A'B'}|=\infty$），

$$\dot{I}_{B'C'}=\dot{I}_{C'A'}=\frac{U_l}{Z_P}, \dot{I}_A=\dot{I}_B=\dot{I}_{B'C'}=\dot{I}_{C'A'};$$

若負載對稱的三相電路一條相線斷開（設 A 相斷線），

$$\dot{U}_{B'C'}=\dot{U}_l, \dot{U}_{A'B'}=\dot{U}_{C'A'}=\frac{\dot{U}_l}{2},$$

$$\dot{I}_{A'B'}=\dot{I}_{C'A'}=\frac{\dot{U}_l}{2Z_P}, \dot{I}_{B'C'}=2\dot{I}_{AB}, \dot{I}_A=0, \dot{I}_B=\dot{I}_C=3\dot{I}_{A'B'}。$$

三、實驗設備

序號	名稱	型號與規格	數量
1	三相自耦電壓調整器	0~450V	1

2	交流數位電壓表	0~500V	1
3	交流數位電流表	0~5A	1
4	三相燈組負載	220V，15W 白熾燈	12
5	開關		3
6	萬用電表		1

四、預習要求

1.瞭解三相負載星形聯接及三角形聯接時的線電壓和相電壓，線電流和相電流之間的關係。

2.完成下列選擇題：

（1）三相星形聯接的負載與三相電源相聯接時，一般採用＿＿＿＿＿＿（三相四線制、三相三線制）接法，若負載不對稱，中線電流＿＿＿＿＿＿（等於、不等於）零。三相負載聯接成三角形，電路為＿＿＿＿＿＿（三相四線制、三相三線制）接法。

（2）在三相四線制中的不對稱燈泡負載＿＿＿＿＿＿（能、不能）省去中線，中線上＿＿＿＿＿＿（能、不能）安裝保險絲。

3.在星形聯接負載不對稱有中線時，各燈泡亮度是否一致？斷開中線各燈泡亮度是否一致？為什麼？

4.用 Multisim9.0 模擬軟體完成下列模擬：

（1）如圖 8-1-4，測出負載星形聯接負載對稱和不對稱、有中線和無中線時各線電流、線電壓、相電壓和中性線電流。

（2）如圖 8-1-4，測出負載星形聯接 A 相斷開（有中線和無中線）時的線電流、線電壓、相電壓和中性線電流。

（3）如圖 8-1-5，測出負載三角形聯接對稱、不對稱、A 相斷開和 A´B´ 相斷開時各線電流、相電流、線電壓。

五、實驗步驟

1.負載星形聯接

按圖 8-1-4 接線。

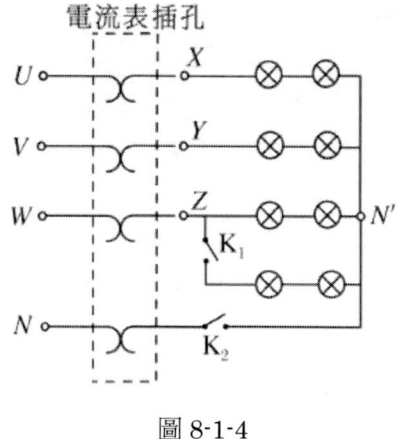

圖 8-1-4

（1）斷開 K₁，合上 K₂，形成負載對稱的三相四線制，按表 8-1-1 測量各電壓、電流值。然後再斷開 K2，形成負載對稱的三相三線制，按表 8-1-1 測量各電壓、電流值。

（2）合上 K₁、K₂，形成負載不對稱的三相四線制，按表 8-1-1 測量各電壓、電流值。然後再斷開 K2，形成負載不對稱的三相三線制，觀察燈泡亮度變化，並按表 8-1-1 測量各電壓、電流值。

（3）U 相開路，斷開 K₁，合上 K₂，形成對稱負載，按表 8-1-1 測量各電壓、電流值。再斷開 K2，按表 8-1-1 測量各電壓、電流值。

表 8-1-1 負載星形聯接測量資料

測量資料	線電流(A)			線電壓（V）			相電壓（V）			中線電流 $I_0(A)$	中點電壓 $U_{NN'}(V)$
測量資料	I_A	I_B	I_C	U_{AB}	U_{BC}	U_{CA}	$U_{A'O}$	$U_{B'O}$	$U_{B'O}$		

負載 對稱	有中線								
	無中線								
負載 不對稱	有中線								
	無中線								
U 相 開路	有中線								
	無中線								

2.負載三角形聯接

按圖 8-1-5 接線。

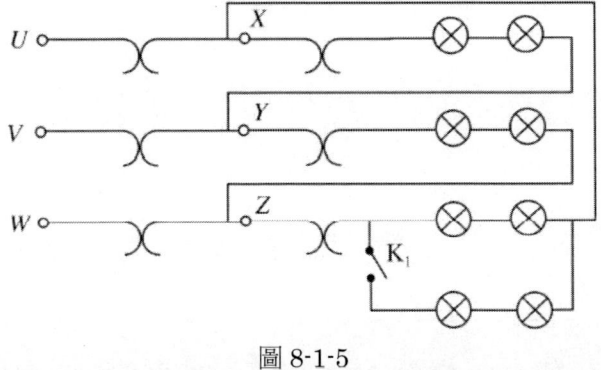

圖 8-1-5

（1）斷開 K1，形成對稱負載，按表 8-1-2 測量各電流、電壓值。

（2）合上 K1，形成不對稱負載，按表 8-1-2 測量各電流、電壓值。

（3）U 相開路，斷開 K1，形成對稱負載，按表 8-1-2 測量各電流、電壓值。

（4）負載 XY 相開路，斷開 K1，形成對稱負載，按表 8-1-2 測量各電流、電壓值。

表 8-1-2　負載三角形聯接

測量資料 負載情況	線電壓＝相電壓（V）			線電流（A）			相電流（A）		
	U_{XY}	U_{YZ}	U_{ZX}	I_X	I_Y	I_Z	I_{XY}	I_{YZ}	I_{ZX}
對稱									
不對稱									
U 相開路									
負載 XY 開路									

六、實驗報告

1.由實驗結果說明三相三線制和三相四線制的特點。

2.根據實驗資料和觀察到的現象，總結三相四線供電系統中中線的作用。

3.由實驗結果分析三角形負載的電流關係。

4.按實驗資料，在座標紙上按比例畫出各種情況下的電壓位元形圖和電流相量圖。

5.回答思考題。

七、實驗現象

三相不對稱負載星形聯接實驗中，有中線時，各相燈泡亮度一樣；中性線斷開後，U 相燈泡較暗。三相不對稱負載三角形聯接實驗中，各相燈泡亮度一樣。

八、注意事項

1.在接通電源前，電流插頭不能插在電流插座中，以免因啟動電流過大損壞電表。

2.每次接線完畢，應自查一遍，然後由指導教師檢查後，方可接通電源，必須嚴格遵守先接線，後通電；先斷電，後拆線的實驗操作原則。

3.每次實驗完畢，均需將三相電壓調整器手輪調回零位。每次改變接線，均需斷開三相電源，以確保人身安全。

第九章　交流電動機

實驗一　三相鼠籠式感應電動機的點動與自鎖控制

一、實驗目的

1.觀察三相鼠籠式感應電動機、交流接觸器、熱繼電器、按鈕等常用低壓電器的構造，熟悉其工作原理及功能。

2.通過對三相鼠籠式感應電動機點動與自鎖控制線路的實際安裝接線，掌握由電氣原理圖變換成接線圖的方法。

3.通過實驗加深理解點動控制和自鎖控制的特點。

二、實驗原理

（一）主要電器的構造及工作原理

繼電接觸器控制系統在各類生產機械中的應用十分廣泛，其主要設備是接觸器和按鈕。

1.接觸器是一種用於中遠距離頻繁地接通與斷開交直流主電路及大容量控制電路的一種自動開關電器，其主要結構及工作原理如下：

（1）電磁機構：由線圈、鐵芯和銜鐵組成，用於產生電磁吸力，帶動觸頭動作。

（2）觸頭系統：有主觸頭和輔助觸頭兩種。當線圈通電後，銜鐵在電磁吸力作用下吸向鐵芯，同時帶動觸頭動作，使其與常閉觸點的定觸頭分開，與常開觸點的定觸頭接觸，實現常閉觸頭斷開，常開觸頭閉合。當線圈斷電或電壓降低時，電磁吸力消失或減弱，銜鐵在釋放彈簧的作用下釋放，觸頭復位，實現低壓釋放保護功能。

（3）滅弧裝置：在切斷大電流的觸頭上裝有滅弧罩，以迅速熄滅電弧。

（4）接線端子、釋放彈簧、觸頭彈簧、觸頭壓力彈簧等。

2.按鈕是一種結構簡單應用廣泛的主令電器，主要用於遠距離操作具有電磁線圈的電器，如接觸器、繼電器等，也用在控制電路中發佈指令和執行電器聯鎖，複合按鈕的工作原理如下：按下按鈕時，常閉觸頭先斷開，常開觸頭再閉合；鬆開按鈕時，在重定彈簧的作用下，常開觸頭先恢復斷開，常閉觸頭再恢復閉合。

（二）常用控制電路

生產機械的運轉狀態有連續運轉與短時間斷運轉，所以對其拖動電動機的控制也有點動與連續兩種控制方式，對應的有點動控制與連續運轉控制電路。

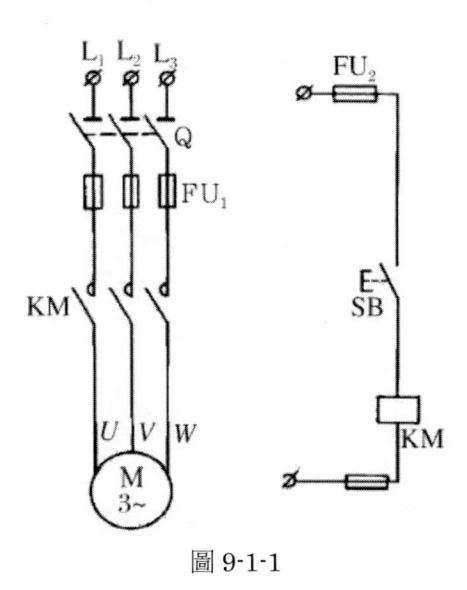

圖 9-1-1

1.點動控制

圖 9-1-1 是最基本的點動控制電路。按下啟動按鈕 SB，KM 線圈通電，電動機啟動運轉；鬆開按鈕 SB，KM 線圈斷電，電動機停止運轉。

2.自鎖控制

圖 9-1-2 是最基本的自鎖控制電路。按下啟動按鈕 SB2，KM 常開主觸頭與常開輔助觸頭同時閉合，電動機啟動旋轉；鬆開啟動按鈕 SB2 時，KM 線圈仍能通過自

身常開輔助觸頭保持通電，使電動機繼續運轉。這種依靠接觸器自身輔助觸頭而保持接觸器線圈通電的現象稱為自鎖，這對起自鎖作用的觸頭稱為自鎖觸頭。

3.點動與連續運轉的控制

圖 9-1-3 是既能實現點動又能實現連續運轉的電路。複合按鈕 SB3 實現點動控制，按鈕 SB2 實現連續運轉控制。

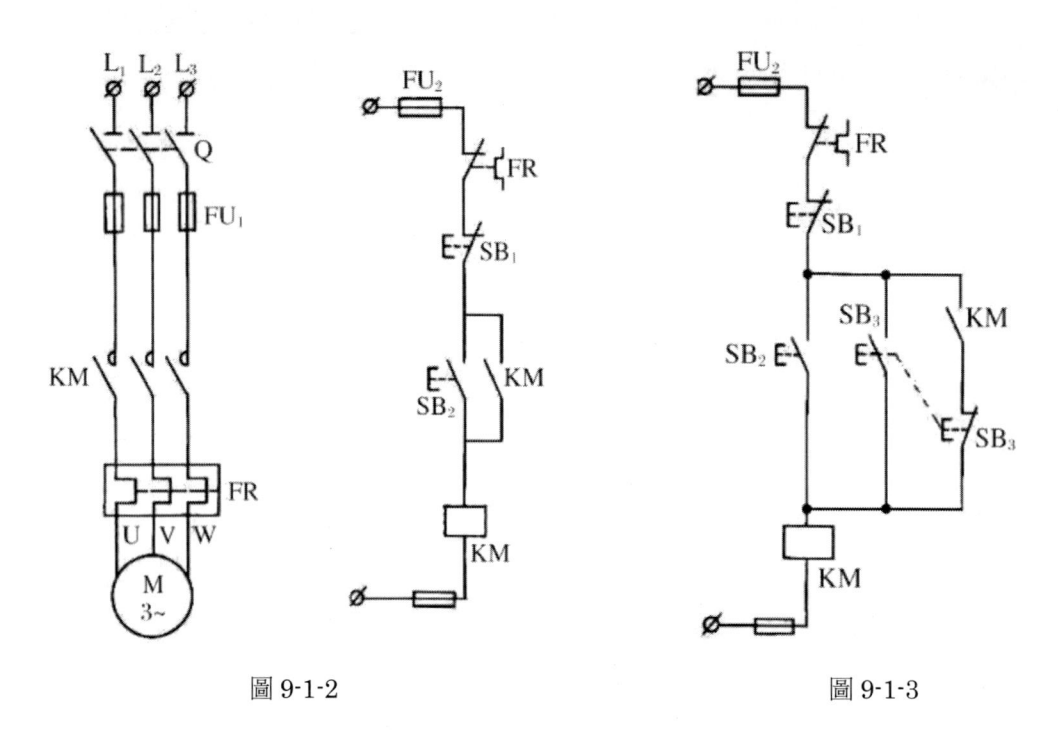

圖 9-1-2　　　　　　　　　　圖 9-1-3

三、實驗儀器設備

序號	名稱	型號與規格	數量	備註
1	可調三相交流電源	0~450V		
2	三相鼠籠式感應電動機	DQ20	1	
3	交流接觸器		1	TKDG-14
4	按鈕		3	TKDG-14
5	熱繼電器	D9305d	1	TKDG-14
6	交流數位電壓表	0~500V		

| 7 | 萬用電表 | | 1 | 自備 |

四、預習要求

1.電動機的點動控制線路與自鎖控制線路從結構上看區別是什麼？從功能上看區別又是什麼？

2.交流接觸器線圈的額定電壓為 220V，若誤接到 380V 電源上會產生什麼後果？反之，若接觸器線圈電壓為 380V，誤接到 220V 電源上結果又如何？

3.分析下圖電路中的錯誤，工作中會出現什麼現象？應如何改進？

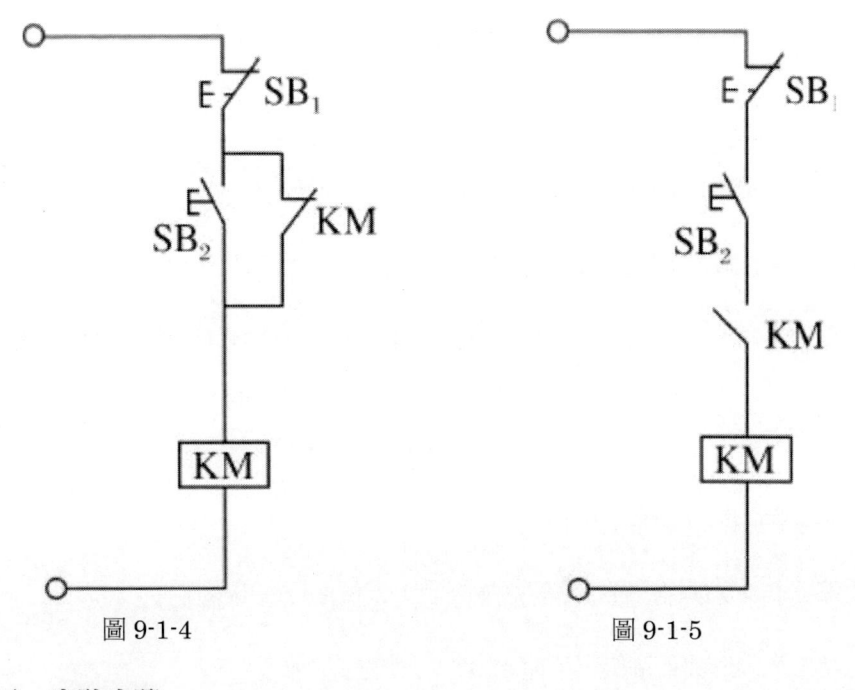

圖 9-1-4　　　　　　　　圖 9-1-5

五、實驗步驟

（一）認識各電器的結構、圖形符號、接線方法；抄錄電動機及各電器銘牌資料；並用萬用電表歐姆擋檢查各電器線圈、觸頭是否完好。

（二）點動控制

1.按圖 9-1-1 接線，將鼠籠型感應電動機接成△，經指導教師檢查後，方可進行通電操作。

2.開啟控制屏電源總開關，調節電壓調整器輸出，使輸出線電壓為 220V。

3.按下啟動按鈕 SB，對電動機進行點動操作，比較按下 SB 與鬆開 SB 時電動機和接觸器的運行情況。

4.實驗完畢，按下控制屏停止按鈕，切斷三相交流電源。

（三）自鎖控制

1.按圖 9-1-2 接線，經指導教師檢查後，方可進行通電操作。

2.按下控制屏啟動按鈕，接通 220V 三相交流電源。

3.按下啟動按鈕 SB_2，鬆手後觀察電動機是否繼續運轉。

4.按下停止按鈕 SB_1，鬆手後觀察電動機是否停止運轉。

5.按下控制屏停止按鈕，切斷三相交流電源，拆除控制回路中自鎖觸頭 KM；再接通三相電源，啟動電動機，觀察電動機及接觸器的運轉情況，從而驗證自鎖觸頭的作用。

（四）點動與連續運轉的控制

1.按圖 9-1-3 接線，經指導教師檢查後，方可進行通電操作。

2.按下控制屏啟動按鈕，接通 220V 三相交流電源。

3.按下啟動按鈕 SB_3，觀察電動機及接觸器的運轉情況，然後鬆開 SB3，觀察電動機是否停止運轉。

4.按下啟動按鈕 SB_2，觀察電動機及接觸器的運轉情況，然後鬆開 SB2，觀察電動機是否停止運轉。

5.按下停止按鈕 SB1，鬆手後觀察電動機是否停止運轉。

6.實驗完畢，將自耦電壓調整器調回零位，按下控制屏停止按鈕，切斷實驗線路的三相交流電源。

六、實驗注意事項

1.通電前應熟悉線路的操作順序。

2.接線拆線過程中應斷開電源。

3.接線時不要使主電路一相斷線或電源缺相，經檢查保證線路無誤後再接通電源。

4.運行時應注意觀察電動機、各電器元件和線路各部件工作是否正常，若發現異常情況，必須立即切斷電源開關。

5.在電氣控制線路中，最常見的故障發生在接觸器上。接觸器線圈的電壓等級通常有 220V 和 380V 等，使用時務必注意。否則，電壓過高易燒壞線圈；電壓過低則不易吸合或吸合不牢，這不但會產生很大的雜訊，同時因磁路氣隙增大，致使電流過大，易燒壞線圈。此外，為了消除銜鐵的振動，在接觸器鐵芯的端面嵌有短路環，若短路環脫落或斷裂，接觸器就會產生很大的振動雜訊。

實驗二　三相鼠籠式感應電動機的正反轉控制

一、實驗目的

1.通過對三相鼠籠式感應電動機正反轉控制線路的安裝接線，掌握由電氣原理圖接成實際操作電路的方法。

2.加深對電氣控制系統各種保護、自鎖、互鎖等環節的理解。

3.學會分析、排除繼電接觸控制線路故障的方法。

二、實驗原理

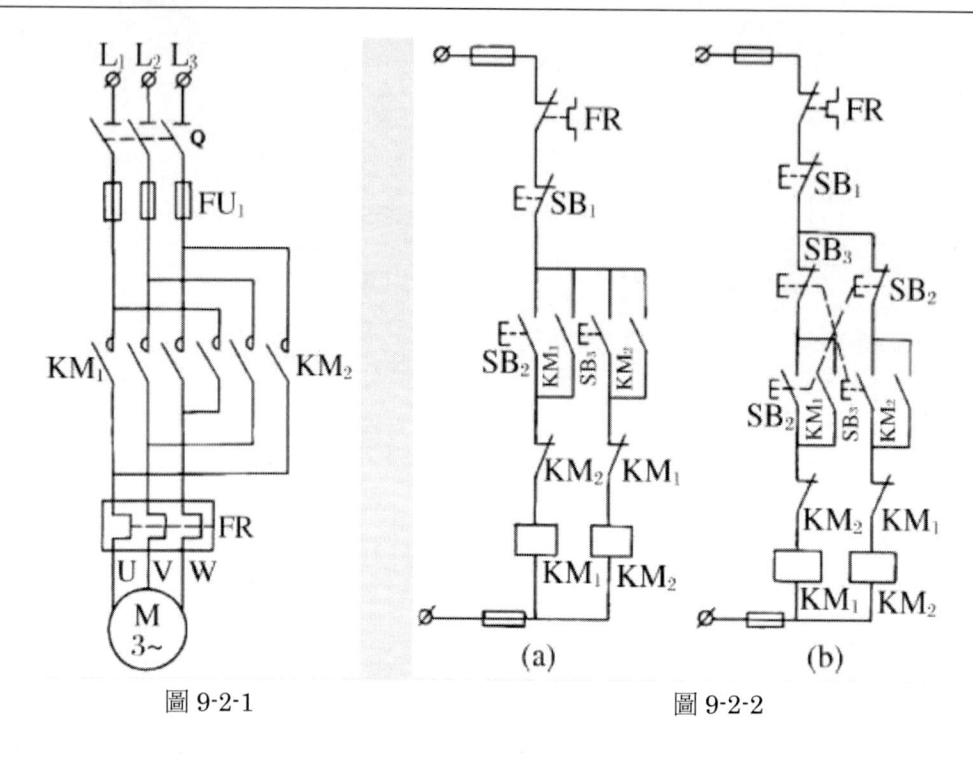

圖 9-2-1

圖 9-2-2

　　在實際的生產過程中，很多生產機械的運動都要由電動機來帶動，為滿足生產加工工藝的要求，對電動機要進行自動控制，如啟動、停止、正反轉、調速等，由繼電器、接觸器等觸點電器組成的控制系統稱為繼電接觸式控制系統，圖 9-2-1 為三相鼠籠型感應電動機的正反轉控制線路。

　　在鼠籠型感應電動機正反轉控制線路中，通過相序的更換來改變電動機的旋轉方向。本實驗給出兩種不同的正反轉控制線路（如圖 9-2-2（a）及 9-2-2（b）所示），具有如下特點：

（一）電氣互鎖

　　為了避免接觸器 KM_1（正轉）、KM_2（反轉）同時通電吸合造成三相電源短路，在 KM_1（KM_2）線圈支路中串接有 KM_1（KM_2）常閉輔助觸頭，它們保證了線路工作時 KM_1、KM_2 不會同時通電，以達到電氣互鎖目的。

172

（二）電氣和機械雙重互鎖

除電氣互鎖外，可再採用複合按鈕 SB_2 與 SB_3 組成的機械互鎖環節（如圖9-2-2），以求線路工作更加可靠。線路還具有短路、超載、欠壓、失壓等保護功能。

三、實驗儀器

序號	名稱	型號與規格	數量	備註
1	可調三相交流電源	0~450V		
2	三相鼠籠式感應電動機	DQ20	1	
3	交流接觸器		2	TKDG-14
4	按鈕		3	TKDG-14
5	熱繼電器	D9305d	1	TKDG-14
6	交流數位電壓表	0~500V	1	
7	萬用電表		1	

四、預習要求

1.在電動機正反轉控制線路中，為什麼必須保證兩個接觸器不會同時工作？採用哪些措施可解決此問題，這些方法有何利弊，最佳方案是什麼？

2.在控制線路中，短路、超載、欠壓、失壓等保護功能是如何實現的？在實際運行過程中，這幾種保護有何意義？

3.指出下圖中的錯誤並加以改正。

圖 9-2-3　　　　　　　　　　　　　圖 9-2-4

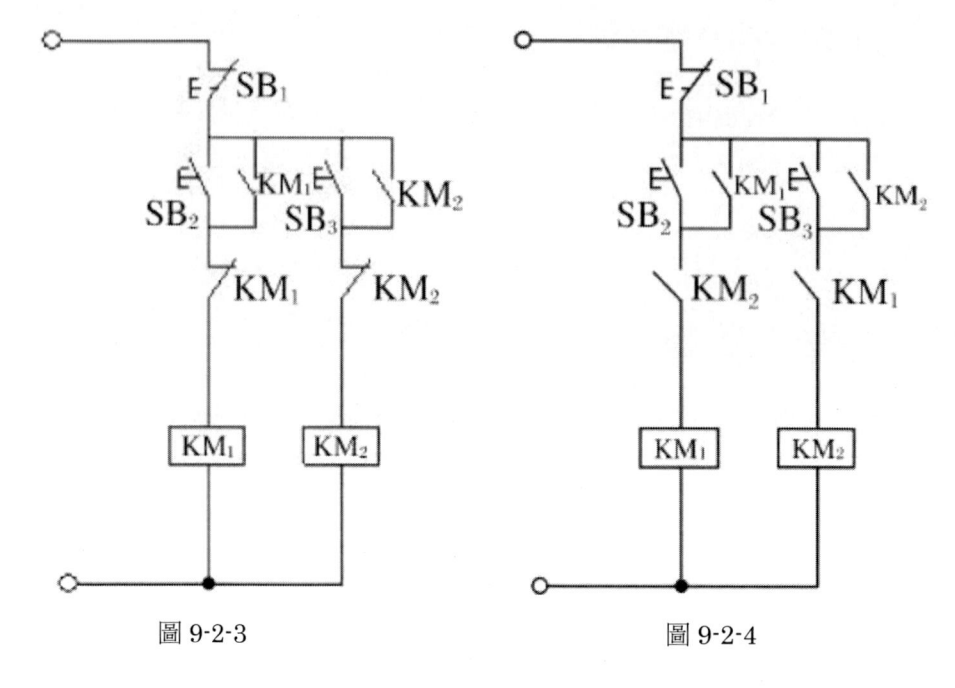

五、實驗步驟

（一）認識各電器的結構、圖形符號、接線方法；抄錄電動機及各電器銘牌資料；並用萬用電表歐姆擋檢查各電器線圈、觸頭是否完好。

（二）接觸器聯鎖的正反轉控制線路

1.按圖 9-2-1 接線，將鼠籠型感應電動機接成△，經指導教師檢查後，方可進行通電操作。

2.開啟控制屏電源總開關，按啟動按鈕，調節電壓調整器輸出，使輸出線電壓為 220V。

3.按下正向啟動按鈕 SB_2，觀察並記錄電動機的轉向和接觸器的動作情況。

4.按下停止按鈕 SB_1，觀察並記錄電動機的轉向和接觸器的動作情況。

5.按下反向啟動按鈕 SB_3，觀察並記錄電動機的轉向和接觸器的動作情況。

6.再次按下停止按鈕 SB_1，觀察並記錄電動機的轉向和接觸器的動作情況。

7.再次按下正向啟動按鈕 SB_2，觀察並記錄電動機的轉向和接觸器的動作情況。

8.實驗完畢，按下控制屏停止按鈕，切斷三相交流電源。

（三）接觸器和按鈕雙重聯鎖的正反轉控制線路

按圖 9-2-2（a）接線，經指導教師檢查後，方可進行通電操作。

1.按下控制屏啟動按鈕，接通 220V 三相交流電源。

2.按下正向啟動按鈕 SB_2，電動機正向啟動，觀察電動機的轉向及接觸器的動作情況；按下停止按鈕 SB_1，使電動機停轉。

3.按下反向啟動按鈕 SB_3，電動機反向啟動，觀察電動機的轉向及接觸器的動作情況；按下停止按鈕 SB_1，使電動機停轉。

4.按下正向（或反向）啟動按鈕，電動機啟動後，再去按反向（或正向）啟動按鈕，觀察有何情況發生？

5.電動機停穩後，同時按正、反向兩隻啟動按鈕，觀察有何情況發生？

（四）電動機的保護功能

1.失壓保護

按下啟動按鈕 SB_2（或 SB_3），電動機啟動後，按下控制屏停止按鈕，斷開三相電源，模擬電動機失壓（或零壓）狀態，觀察電動機與接觸器的動作情況，隨後再按下控制屏上啟動按鈕，接通三相電源，但不按 SB_2（或 SB_3），觀察電動機能否自行啟動？

2.欠壓保護

重新啟動電動機，然後逐漸減小三相自耦電壓調整器的輸出電壓，直至接觸器釋放，觀察電動機是否自行停轉？

3.超載保護

打開熱繼電器的後蓋，當電動機啟動後，人為地撥動雙金屬片類比電動機超載情況，觀察電機、電器動作情況。

注意：此項內容，較難操作且危險，有條件可由指導教師作示範操作。

實驗完畢，將自耦電壓調整器調回零位，按控制屏停止按鈕，切斷實驗線路電源。

六、注意事項

1.通電前應熟悉線路的操作順序。

2.接線拆線過程中應斷開電源。

3.接線時不要使主電路一相斷線或電源缺相，經檢查保證線路無誤後再接通電源。

4.運行時應注意觀察電動機、各電器元件和線路各部件工作是否正常，若發現異常情況，必須立即切斷電源開關。

5.必須使正轉電機完全停轉後再使電機反轉。

七、故障分析

1.接通電源後，按啟動按鈕（SB_2 或 SB_3），接觸器吸合，但電動機不轉且發出「嗡嗡」聲響；或者雖能啟動，但轉速很慢。這種故障大多是主回路一相斷線或電源缺相。

2.接通電源後，按啟動按鈕（SB_2 或 SB_3），若接觸器通斷頻繁，且發出連續的劈啪聲或吸合不牢，發出顫動聲，此類故障原因可能是：

（1）線路接錯，將接觸器線圈與自身的動斷觸頭串在一條回路上了。

（2）自鎖觸頭接觸不良，時通時斷。

（3）接觸器鐵芯上的短路環脫落或斷裂。

（4）電源電壓過低或與接觸器線圈電壓等級不匹配。

第十章　MULTISIM9.0 模擬軟體的應用

10.1 概　述

　　電工與電路分析課程是自動化、通訊工程、電子資訊工程、電腦科學與技術和網路工程等許多專業的重要的專業基礎課。具有概念多、公式多、定量計算多、圖形多、宏觀現象的微觀分析多和實踐性強等特點，教與學難度較大。其實驗環節不僅是培養學生基本實驗技能、動腦分析和動手解決實際問題能力的重要手段，更是培養學生創新意識和創新能力的必要手段。電子技術的電腦模擬技術的產生和迅猛發展，為輔助學生學習該課程提供了前所未有的條件。

　　Multisim9.0 電子電路模擬軟體是美國國家儀器公司（National Instrument，簡稱 NI 公司）於 2006 年首次推出，它沿襲了 EWB 在介面、元件調用方式、電路搭建、電路基本分析方法等優良傳統，而且軟體的內容和功能得到豐富和增強。在元件庫中增加了單片機和三維週邊設備。在模擬儀器中增加了 4 台 LabVIEW 採樣儀器：麥克風、播放機、訊號產生器和頻譜分析儀。本文主要以 Multisim9.0 的漢化版模擬軟體為實驗平臺，並結合具體模擬實驗實例介紹模擬軟體的功能和模擬實驗的方法。

　　Multisim9.0 模擬軟體不僅提供了豐富的電子元器件、電路分析手段和實驗儀器，而且利用電腦的人機交互、圖形動畫、高速運算、大量儲存以及模擬儀器具有的數位化、智慧化功能，模擬實驗能把複雜事物簡化、變抽象為具體，還能將微觀的事物放大、宏觀的事物縮小，動態地演示一些電路的工作過程，打破時空限制。又由於模擬實驗不用擔心元器件、實驗儀器被損壞，因此，極大地解放了學生的思想，有利於學生的個性化學習和探究性學習。基於電腦模擬技術的實驗是實驗者自然地與虛擬環境中的物件（電子元器件、實驗儀器等）進行交互作用，實驗者是從虛擬空間的內部向外觀察，而不是作為一個旁觀者由外向內觀察，從而產生親臨真實環境的感受和體驗，使人機交互更加自然、和諧。基於此，模擬實驗在輔助實驗教學中得到越來越廣泛的應用。模擬實驗不僅僅是對實物實驗的有力補充，更是對傳統實驗教學模式、方法、手段和觀念的變革。

目前在電子類課程的實驗教學中，實物實驗的不足和模擬實驗的優勢主要有以下幾點：

1. 實物實驗的不足

（1）實驗受到時間、地點、內容、人員等限制。

（2）實驗受到電子元器件和儀器設備的限制。

（3）實驗消耗大、效率低、誤差較大。

2. 模擬實驗的優勢

（1）介面直觀、生動，操作方便、易學易用。

（2）電子元器件豐富，模擬手段符合實際，實驗儀器齊全。

（3）實驗效率高、精度高、安全、無消耗。

（4）實驗電路、資料、波形、元器件清單、電路工作狀態和實驗描述等都能以專用格式檔打包（「電子實驗報告」）保存，檔包很小（一個實驗幾十 K），檔案可直接在模擬平臺上運行。便於保存、攜帶、傳輸和交流，同時由於電腦模擬軟體可上網運行，實現了遠端合作實驗研究。綜上所述，在實驗教學中我們應把實物實驗與模擬實驗有機結合，做到揚長避短，優勢互補。

10.2 MULTISIM9.0 常用功能

Multisim9.0 的基本介面如圖 10-2-1 所示（注：剛打開的基本介面中無實驗電路，這兒假設已打開一個實驗電路檔）。如圖中箭頭所指：在基本介面上列出了操作主功能表列、工具列、元器件庫、虛擬元件、模擬儀器和模擬啟動/停止開關。（注：以上各功能按鈕的位置可調整。）

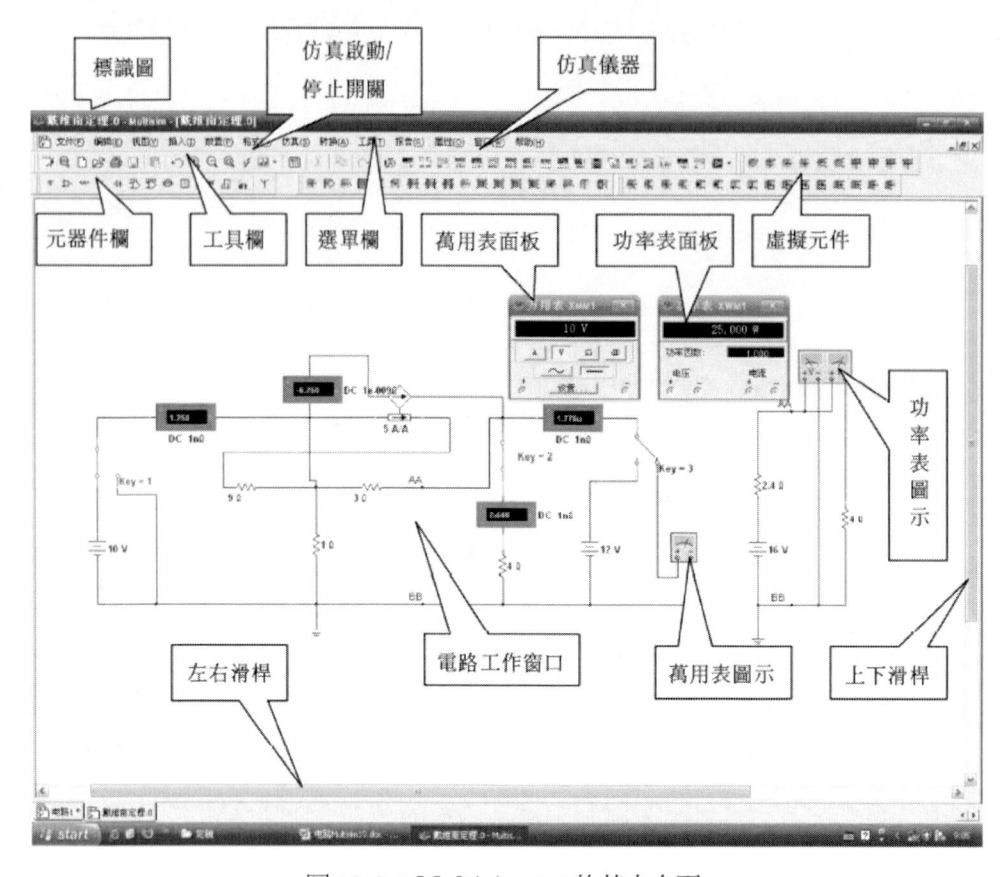

圖 10-2-1 Multisim 9.0 的基本介面

Multisim9.0 的電路設計與模擬分析的所有操作，都是在它的基本介面電路工作視窗中進行的。

10.2.1 功能表列

與 Windows 應用程式類似，Multisim9.0 主功能表中提供了幾乎所有的功能命令，共 11 項。每個主功能表下又有下拉式功能表，在下拉式功能表右側帶有黑三角的功能表項目，用滑鼠移至該項時，還可打開子功能表。主功能表列自左至右依次為：File（文件功能表）、Edit（編輯功能表）、View（視圖功能表）、Insert（插入功能表）、Place（放置功能表）、Format（格式功能表）、Simulate（模擬功能表）、

180

Transfer（轉移功能表）、Tools（工具功能表）、Reports（報告功能表）、Attribute（屬性功能表）、Window（視窗功能表）、Help（說明功能表）。

下面重點介紹電工與電路分析實驗常用功能表和元器件庫。

Multisim9.0 檔功能表的下拉式功能表中電工和電路分析實驗常用有：New（創建新文件）、Open（打開檔案）、Open Samples（打開樣本檔）、Close（關閉檔）、Close All（關閉所有檔案）、Save（保存檔案）、Save As（另存為）、SaveAll（保存所有檔案）、New Project（創建新專案）、Open Project（打開專案）、Save Project（保存專案）、Close Project（關閉專案）、Print（列印）、Print Preview（預覽列印）、PrintO ptions（列印選項）、Exit（退出）。

Multisim9.0 編輯功能表的下拉菜中電工和電路分析實驗常用的有：Undo（復原）、Redo（重做）、Cut（剪下）、Copy（複製）、Paste（貼上）、Delete（刪除）、Select（選擇全部）、Find（尋找）。

Multisim9.0 視圖功能表的下拉式功能表中電工和電路分析實驗常用的有：Full Screen（全螢幕）、Parent Sheet（原始圖片）、Zoom In（放大）、Zoom Out（縮小）、Zoom Area（縮放範圍）、Zoom Fit to Page（放大到整頁）、Show Grid（顯示網格）、Show Border（顯示邊框）、Show Page Bounds（顯示頁限制）、Ruler Bars（尺規欄）、Status Bar（狀態列）、Design Toolbox（設計工具箱）、Spreadsheet View（電子表查看）、Circuit Description Box（電路描述框）、Toolbars（工具列）、Comment/Probe（注釋/探針）、Grapher（圖表）。

Multisim9.0 插入選單的下拉式功能表有插入標籤、插入日期、插入物件和插入詢問連結等選項。

Multisim9.0 放置功能表的下拉式功能表中電工和電路分析實驗常用的有：Component（電路元件）、Junction（連接點）、Wire（電線）、Ladder Rungs（排線）、Bus（匯流排）、New Subciecuit（新子電路）、Replace by Subciecuit（取代子電路）、Text（文本）、Graphics（製圖法）、Title Block（標題框）。

Multisim9.0 格式選單的下拉式功能表有：插入專案編號、字體和中心對齊等選項。

Multisim9.0 模擬功能表的下拉式功能表中電工和電路分析實驗常用的有：Run（運行）、Pause（暫停）、Instruments（儀器）、Interactive Simulation Settings（交互模擬設定）、Analyses（分析）、Probe Properties（探針屬性）、Clear Instrument Data（清除儀器資料）、Global Component Tolerances（元件平均誤差）。

Multisim9.0 轉移功能表的下拉式功能表中電工和電路分析實驗常用的有：Transfer to Ultiboard（轉移至 Ultiboard）、Transfer to other PCB Layout（轉移至其他 PCB 設計）、Forward Annotate to Ultiboard（針對 Ultiboard 的注釋）、Export Netlist（輸出連線表）。

Multisim9.0 工具功能表的下拉式功能表中電工和電路分析實驗常用的有：Component Wizard（元件嚮導）、Database（資料庫）、Circuit Wizards（電路嚮導）、Rename/Renu-mber Components（再命名元件重編號）、Replace Component（替換的元件）、Update Cir-cuit Components（電路元件更新）、Electrical Rules Check（電路規則檢查）、Toggle NC Marker（合格證標識）、Symbol Editor（特性編輯）、Title Editor（標題編輯）、Description Box Editor（描述框編輯）、Edit Labels（標籤編輯）、Internet Design Sharing（網際網路設計共用）。

Multisim9.0 報告功能表的下拉式功能表中電工和電路分析實驗常用的有：Bill of Materials（材料清單）、Component DetailReport（元件細節報告）、Cross Reference Report（交叉參考報告）、Schematic Statistics（統計圖表）、Spare Gates Report（多餘門報告）。

Multisim9.0 屬性功能表的下拉式功能表中電工和電路分析實驗常用的有：Sheet Proper- ties（電路圖屬性）、Attribute（屬性）等選項。

Multisim9.0 視窗功能表的下拉式功能表中電工和電路分析實驗常用的有：New Window（新建視窗）、Cascade（重疊）、Tile Horizontal（水平並排）、Tile Vertical（垂直並排）、Close All（全部關閉）、Windows（視窗展開）。

Multisim9.0 說明功能表的下拉式功能表中電工和電路分析實驗常用的有：Multisim Help（Multisim 幫助）、Component Reference（元件參考）等選項。

10.2.2 元器件庫

Multisim9.0有多達十幾類元器件庫和上萬種電子元器件。元件庫有：訊號源庫、基本元件庫、二極體庫、電晶體庫、模擬器件庫、TTL 器件庫、CMOS 器件庫、高級週邊器件庫、數模混合器件庫、指示器件庫、雜項器件庫、射頻器件庫和機電器件庫等。下面重點介紹本課程涉及的元器件庫及其元器件。

（一）電源庫

按一下放置電源按鈕（Place Source），即可打開電源庫。電源庫中共有 30 個電源器件。主要包括：交直流電壓源、交直流電流源、函數控制訊號源、控制電壓源、控制電流源等 6 個系列，還有 1 個接地端和 1 個數位電路接地端。

1.接地端（Ground）

在電路中，「地」是一個公共參考點，電路中所有的電壓都是相對於地而言的電勢差。

2.數位接地端（Digital Ground）

在進行數位電路的「Real」模擬時，為更接近於實物，Multisim9.0 電路中的數位元件要示意性接上電源和數位地。

（注意：數位接地端只用於含有數位元件的電路，通常不能與任何器件相接，僅示意性地放置於電路中。確定是要接 0V 電位，還是用一般接地端。）

3.Vcc 電壓源（V_{cc} Voltage Source）

Vcc 是數位元件直流電壓源的簡化符號，用於為數位元件提供電能或邏輯高電平。按兩下其符號，打開 Digital Power 對話方塊可以對其數值進行設定，正值和負值均可。

4.Vdd 電壓源（V_{dd} Voltage Source）

與 Vcc 基本相同。當為 CMOS 器件提供直流電源進行「Real」模擬時，只能用 V_{dd} 電源。

5.直流電壓源（DC Voltage Source（Battery））

它是一個理想直流電壓源。

6.直流電流源（DC Current Source）

它是一個理想直流電流源。

7.正弦交流電壓源（AC Voltage Source）

它是一個正弦交流電壓源，顯示電壓的數值是其有效值（均方根值）。

8.正弦交流電流源（AC Current Source）

它是一個正弦交流電流源，顯示電流的數值是其有效值（均方根值）。

9.時鐘電壓源（Clock Source）

它是一個幅度、頻率及佔空比均可調節的方波產生器，主要作為數位電路的時鐘訊號。

10.振幅訊號源（Amplitude Modulation（AM）Source）

產生受正弦波調製的調幅訊號源。

11、調頻電壓源（FM Voltage Source）

產生受單一頻率調製的訊號源，產生一個頻率可調製的電壓波形。

12.電壓控制電壓源（Voltage-Controlled Voltage Source）

輸出電壓大小受輸入電壓控制，其比值是其電壓增益，具體數值打開其屬性對話方塊進行設定。

13.電壓控制電流源（Voltage-Controlled Current Source）

輸出電流大小受輸入電壓控制，其比值稱為轉移導納，具體數值打開其屬性對話方塊進行設定。

14.電流控制電壓源（Current-Controlled Voltage Source）

輸出電壓大小受輸入電流控制，其比值稱為轉移電阻，具體數值打開其屬性對話方塊進行設定。

15.電流控制電流源（Current- Controlled Current Source）

輸出電壓大小受輸入電流控制，其比值稱為電流增益，具體數值可打開其屬性對話方塊進行設定。

（二）基本元件庫

按一下放置基本元件按鈕（Place Basic），即可打開基本元件庫。包括：基本虛擬元件、定額虛擬元件、3D 虛擬元件、電阻器、電阻排、電位器、電容器、電解電容器、可變電容器、電感器可變電感器、開關、變壓器、非線性變壓器、繼電器、連接器、插槽等。

1.電阻器（Resistor）

實物電阻庫中的是標稱電阻。此類電阻值一般不能隨便改變，除非改動模型。Mul-tisim 中實物電阻非常精確，沒有考慮誤差和溫度特性。

2.虛擬電阻（Virtual Resistor）

虛擬電阻的阻值、溫度特性、容差可任意設定。

3.電容器（Capacitor）

使用情況與實物電阻器類似，沒有考慮誤差和耐壓大小。

4.虛擬電容（Virtual Capacitor）

使用情況與虛擬電阻類似。

5.電解電容（CAP-Electrolit）

電解電容器是一種帶極性的電容。使用時，標有「＋」極性標誌的端子必須接直流高電位。注意：這裡電容器沒有電壓限制。

6.上拉電阻（Pull up）

上拉電阻一端接 Vcc（＋5V），另一端接邏輯電路上的一個點，使該點電壓接近 Vcc。

7.電感（Inductor）

使用情況與實物電容相似。

8.虛擬電感（Virtual Inductor）

使用情況與虛擬電容相似。

9.電位器（Potentiometer）

電位器為可調節電阻器。元件符號旁顯示的數值為 200K，LIN 指兩個固定端子之間的阻值，若為 60％，則表示滑動點下方佔總電阻值的 60％。電位器滑動臂的調整是通過按鍵盤上電位器表示字母實現的，直接按字母鍵增加百分比，按 Shift＋字母鍵減少百分比。電位器表示字母可在屬性對話方塊中選 A 至 Z 之間的任何字母。步進量表示按一次字母鍵，滑動點下方電阻減少或增加量佔總值的百分比。

10.虛擬電位器（Virtual Potentiometer）

使用情況與實物電位器相似。

11.可變電容（Variable Capacitor）

可變電容器設定方法類似於電位器。

12.虛擬可變電容（Virtual Variable Capacitor）

與實物可變電容不同之處僅在於參數值是通過其屬性對話方塊自行確定。

13.可變電感（Variable Inductor）

可變電感器設定方法類似於電位器。

14.虛擬可變電感（Virtual Variable Inductor）

虛擬可變電感設定方法類似於可變電容。

15.開關（Switch）

包含 5 種類型的開關：

（1）電流控制開關（Current-controlled Switch）：用流過開關線圈的電流大小來控制開關動作。

（2）單刀雙擲開關（SPDT）：通過在電腦上操作開關代號字母鍵控制其通斷狀態。

（3）單刀單擲開關（SPST）：使用與設定方法與單刀雙擲開關相同。

（4）時間延遲開關（TDSWI）：此開關有兩個控制時間，即閉合時間 TON 和斷開時間 TOF，TON 不能與 TOF 相等，並且都必須大於零。若 TON＜TOF，啟動模擬開關，在 0＜t＜TON 時間內，開關閉合；在 TON＜t＜TOF 時間內，開關斷開；

t＞TOF 時開關閉合。若 TON＞TOF，啟動模擬開關，在 0＜t＜TOF 時間內，開關斷開；在 TOF＜t＜TON 時間內，開關閉合；t＞TON 時開關斷開。在開關斷開狀態時，視其電阻為無窮大，在開關閉合狀態時，視其電阻為無窮小。TON、TOF 的值在該元件屬性對話方塊中設定。

（5）電壓控制開關（Voltage-ControlledSwitch）：與電流控制開關類似。

16.變壓器（Transformer）

變壓器的變比 N＝v1/v2，v1 為初級電壓，v2 為次級電壓，次級中心抽頭的電壓是 v2 的一半。使用時，通常要求變壓器的初級與次級都接地。

（三）二極體庫

按一下放置二極體按鈕（Place Diode），即可打開二極體庫。包括：虛擬二極體、二極體、穩壓二極體、發光二極體、二極體整流橋、蕭特基二極體、晶閘管、雙向晶閘管、雙向三極晶閘管、變容二極體、PIN 二極體等多個系列。

1.普通二極體（Diode）

此庫中存放著國外許多公司各種型號產品，可直接選用。

2.虛擬二極體（Virtual Diode）

相當於一個理想二極體，參數都是預設值（即典型數值）。可在對話方塊中修改模型參數。

3.齊納二極體（Zener Diode）

即穩壓二極體，有國外各大公司的眾多型號的元件供調用。

4.發光二極體（Light-Emitting Diode）

含有多種不同顏色的發光二極體，使用時應注意以下兩點：

（1）有正向電流流過時才產生可見光。（注意：紅色 LED 正向壓降約 1.1~1.2V，綠色 LED 正向壓降約 1.4~1.5V。）

（2）Multisim9.0 把發光二極體歸類於 Interactive Component（互動式元件），不允許對其元件進行編輯處理。

5.全波橋式整流器（Full-WaveBridge Rectifier）

全波橋式整流器是使用 4 個二極體完成對輸入的交流進行全波整流任務。

6.可控矽整流器（Silicon-Controlled Rectifier）

單向可控矽整流器簡稱 SCR，又稱固體閘流管。只有當 A、K 間正向電壓大於正向轉折電壓並且控制極 G 有正向脈衝電流時 SCR 才導通，此時去掉控制極 G 正向脈衝電流，SCR 維持導通狀態。只有當 A、K 間電壓反向或小到不能維持一定電流時 SCR 才斷開。

7.雙向開關二極體（DIAC）

雙向開關二極體相當於兩個背靠背的蕭特基二極體並聯，是依賴於雙向電壓的雙向開關。當電壓超過開關電壓時，才有電流流過二極體。

（四）指示器件庫

按一下放置指示器件按鈕（Place Indicator），即可打開指示器件庫。庫中包括：電壓表、電流表、探針、蜂鳴器、燈泡、虛擬燈泡、數碼顯示管、光柱顯示器等系列。

1.電壓表（Voltmeter）

它用來測量交、直流電壓（由屬性對話方塊設定），其連線端子可根據需要左右或上下放置。

2.電流表（Ammeter）

它用來測量交、直流電流（在屬性對話方塊中設定），其連線端子可根據需要左右或上下放置。

3.探測器（Probe）

也叫邏輯筆。相當於一個 LED（發光二極體），將其連接到電路中某個點，當該點電平達到高電平時便發光。

4.蜂鳴器（Buzzer）

蜂鳴器是用電腦自帶的揚聲器類比理想的壓電蜂鳴器。在其埠加的電壓超過設定值時，壓電蜂鳴器就按設定的頻率鳴響。通過屬性對話方塊設定其參數值。

5.燈泡（Lamp）

它的工作電壓及功率不可設定，額定電壓對交流而言是指其最大值。當加在燈泡上的電壓大於150％額定電壓值時，燈泡燒毀。對直流，燈泡發出穩定的燈光，對交流，燈泡發出一閃一閃的光。

6.虛擬燈泡（Virtual Lamp）

虛擬燈泡相當於一個電阻元件，其工作電壓及功率可在屬性對話方塊中設定。其餘與實物燈泡相同。

（五）雜項器件庫

按一下放置雜項器件按鈕，即可打開雜項器件庫。主要包括：感測器、光耦合器、石英晶體、電子管、保險絲、三端穩壓模組、雙向穩壓二極體、升壓變壓器、降壓變壓器、升降壓變壓器等。

1.振盪器（Crystal）

在Multisim9.0振盪器箱中放置了多個不同振盪頻率的實物振盪器，根據需要可靈活選用。

2.虛擬振盪器（Virtual Crystal）

模型參數選取了典型值（LS＝0.00254648，CS＝9.9718e－014，RS＝6.4，CO＝2.868e－011），其振盪頻率為 10MHz。

3.虛擬光耦合器（Virtual Optocoupler）

光耦合器是一種利用光訊號從輸入端(光電發射體)耦合到輸出端(光電探測器)的器件。

4.馬達（Motor）

馬達是理想直流電機的通用模型，用以模擬直流電機在串聯諧振、並聯諧振和分開諧振下的特性。

5.開關電源升降壓轉換器（Buck-Boost Converter）

開關電源降壓轉換器、升壓轉換器和升降壓轉換器都是一種求均電路模型，它類比了 DC-DC 開關電源轉換器的特性，其作用是對 DC 電壓進行升壓或降壓轉換。

6.保險絲（Fuse）

選用注意事項：

（1）要選取適當電流大小的保險絲，太小會使電路不能工作，太大起不了保護作用。

（2）在交流電路中最大電流是電流的峰值，不是習慣上的有效值。

（六）機電器件庫

按一下放置機電器件按鈕，即可打開機電器件庫。主要包括：檢測開關、暫態開關、輔助開關、同步觸點、線圈和繼電器、線性變壓器、保護裝置、輸出裝置等。

1.感測開關（Sensing Switches）

此開關通過按鍵盤上的一個鍵來控制其斷開或閉合，在屬性對話方塊中完成鍵的設定。

2.開關（Switch）

在鍵盤上按對應的開關表示符號鍵使開關斷開或閉合後，狀態在整個模擬過程中一直保持不變。

3.接觸器（Supplementary Contacts）

基本操作方法與感測開關相同。Multisim9.0 中有下列計時接觸器：

（1）常開到時閉合。

（2）常閉到時打開。

4.線圈與繼電器（Coils, Relay）

Multisim9.0 中有下列線圈與繼電器：

（1）前向或快速啟動器線圈。

（2）控制繼電器。

（3）時間延遲繼電器。

（4）電機啟動器線圈。

（5）反向啟動器線圈。

（6）慢啟動器線圈。

5.變壓器（Line Transformer）

包含各種空心類和鐵芯類變壓器及電感器，使用時初、次級線圈都必須接地。

6.輸出設備（Output Devices）

Multisim9.0 中輸出設備有：

（1）電機。

（2）直流電機電樞。

（3）加熱器。

（4）LED 指示器。

（5）發光指示器。

（6）三相電機。

（七）控制部件庫

控制部件庫有乘法器、除法器、傳遞函數模組、電壓增益模組、電壓微分器、電壓積分器、電壓限幅器等共計 10 個常用的控制模組，可在其屬性對話方塊中設定相關參數。

10.3 模擬實驗實例

電路是由元器件和導線按電路原理連接而成的，要創建一個電路，除了必須掌握電路原理，還應熟悉模擬軟體，並掌握一定的技巧。

10.3.1 介面設定

介面設定又叫定制使用者介面，其目的是滿足使用者的不同愛好與習慣。

介面設定操作主要是分別啟動屬性功能表中的圖紙屬性命令和屬性命令，通過在打開的對話方塊中選擇各種功能選項來實現。

按一下屬性功能表,打開下拉式功能表,再按一下屬性功能表。在對話方塊中,有 Paths(路徑)、Save(保存)、Parts(零件)、Genereal(常規)四個翻頁功能表,預設狀態是 Parts(零件)頁,此頁用於設定元器件庫中元器件的符號標準和元器件向工作視窗中放置方式等。

(1)Place Component Mode(元件放置方式)區:選擇放置元器件的方式,有一個任選項,三個選擇項。其中 Return to Component Browser After Placement 是任選項,選擇後可使元件放置後自動恢復元器件庫,所以在需大量調用元器件時更方便些。

(2)Symbol Standard(符號標準)區:選取採用的元器件符號標準。其中 ANSI 選項為美國標準,DIN 選項為歐洲標準。注:符號標準的選用,僅對現行及以後編輯的電路有效,對以前編輯的電路無效。

(3)Positive Phase ShiftDirection(正相位移方向)區:變換交流訊號源的真實相位。有正弦和余弦兩種選擇,默認為正弦。

(4)Digital Simulation Settings(數位仿真設定區):數位仿真設定。有理想和真實兩種選擇,默認為理想。

Paths(路徑)頁:設定預置的檔存取路徑。包括:Circuit Default Path(電路預設路徑)、User Button Images(使用者按鈕圖像路徑)、User Settings(使用者設定路徑)、Database Files(資料庫文檔路徑)等 4 項。

Save(保存)頁:設定備份功能。包括:Create a「Security」Copy(創建一個安全備份)、Auto-backup(自動存檔時間間隔設定)、Save Simulation data with Instruments(模擬資料最大保存量設定)3 項。

Genereal(常規)頁:為通常的設定。包括:(1)Selection Rectangle(選擇矩形):有兩個選項。(2)Mouse Wheel Behaviour(滑鼠滾輪作用):有兩個選項,預設 Zoom Work-space。(3)Auto Wire(自動接線方式):有 3 個選項,全選。另有 3 個單獨的選項。

10.3.2 電路屬性設定

按一下屬性功能表，打開下拉式功能表。再按一下屬性圖紙功能表，使用者可以根據自己的喜好對各種參數進行選擇，下面分別說明。

在對話方塊有 Circuit（電路）、Workspace（工作區）、Wiring（配線）、Font（字體）、PCB、Visibility（可見）共 6 個分頁選單，預設為 Circuit（電路）頁。

Circuit（電路）頁，又分 Show（顯示）和 Color（顏色）兩個區：

（1）Show（顯示）區：設定元件及連線上所要顯示的文字專案等，又分 Component（元件）、Net Names（網路名字）和 BusEntry（匯流排入口）3 個社區。Component 區中共有 6 個選項：Labels 顯示元件的標識；Ref Des 顯示元件不可重複的唯一序號；Values 顯示元件的參數值；Attribute 顯示元件屬性；Pin names 顯示引腳名稱；Pin numbers 顯示引腳編號；Net Names 區顯示或隱藏網路名稱；Bus Entry 區顯示匯流排說明。

（2）Color（顏色）區：設定編輯視窗內的元器件、引線及背景的顏色。

按一下左上方的視窗，選擇幾種預定的配色方案之一，包括：Custom（由用戶設定的配色方案）、Black Backg round（黑底配色方案）、White Backg round（白底配色方案）、White & Black（白底黑白配色方案）、Black & White（黑底黑白配色方案）。後 4 種方案為程式預定，選中即可。

若在左側視窗的下拉式功能表中，選中 Custom 選項。

則 Color 區左側圖被選定，而右側各項被啟動。Custom 可由用戶設定，包括 6 項器件的顏色設定。其中：Background 為背景色；Selection 為選定框的顏色；Wire 為連接線顏色；Component With mod 為模型器件的顏色；Component Without mod 為非模型器件的顏色；Virtual Component 為虛擬器件的顏色。默認設定為白底配色方案。

Workspace（工作區）頁：對電路視窗顯示的圖紙的設定，分兩個區。

（1）Show（顯示）區：設定視窗圖紙格式。左邊是設定預覽視窗，右邊是選項欄，包括：Show Grid 顯示柵格，Show Page Bounds 為顯示紙張邊界，Show Border 為顯示邊框。

（2）Sheet size（圖紙大小）區：設定視窗圖紙的規格及擺向。在左上方程式提供了 A、B、C、D、E、A_0、A_1、A_2、A_3、A_4、Legal、Executive、Folio 等 13 種標準規格的圖紙。如果要自定圖紙尺寸，則應選擇 Custom 項，然後在右邊的 Custom Size 區內指定圖紙 Width（寬度）和 Height（高度），其單位可選擇 Inches（英寸）或 Centimeters（釐米）。另外，在左下方的 Orientation 區內，可設定圖紙放置的方向，Portrait 為縱向，Landscape 為橫向。

Wiring（配線）頁：設定電路中導線的寬度及連接方式，分兩個區：

（1）Drawing Option（畫圖選項）區：設定導線的寬度，左邊是普通接線的設定預覽和寬度選定，選擇範圍為 1~15；右邊是匯流排的設定預覽和寬度選定，選擇範圍為 3~15。

（2）Bus Wiring Mode（匯流排配線模式）區：設定匯流排方式。有 Net（使用網路名稱）和 BusLing（匯流排）兩種選擇。

Font（字體）頁：設定元件的標識和參數、元器件屬性、節點或引腳的名稱、原理圖文本等文字。設定方法與一般文本處理常式相同，不再贅述。

PCB 頁：選擇 PCB 的接地方式。

Visibility（可見）頁：為提高可視性的設定，包括 Fixed Layers（固定層）和 Custom Layers（自訂層）兩項。

10.3.3 模擬實驗

Multisim 中的元器件種類繁多，有實物元件（採用實際元件模型），也有虛擬元件（採用理想元件模型），虛擬元件又有 3D 元件、定值元件和任意值元件之分。

開發產品必須使用現實元件；設計驗證電路原理，採用虛擬元件較好；不同類型的元件存放於不同的元器件庫中。

下面就以圖 10-2-1 所示戴維寧等效電路實驗為例，說明創建實驗電路的基本方法和模擬方法。

第一步：將滑鼠指標移動到實驗所需元器件庫圖示上，該圖示就會凸起，點擊按鍵，即打開此元器件庫，此時即可調用元器件。將調用的元器件經移動、旋轉、翻轉、複製和粘貼等操作合理佈局並擺放在電路工作視窗的相應位置。

（注：用滑鼠按一下某元器件，若該元器件被虛線方框包圍表示被選中，再配合功能表列相關專案即可對元器件做各種操作。要取消元器件的選中狀態，只需按一下電路空白區即可。）

第二步：元器件的連接。元器件的正確連接是保證創建電路運行模擬的前提條件。熟練掌握連接方法是迅速、正確組建電路的基本技能。電路整齊、簡潔、不僅美觀，而且便於檢查、減少故障率。將滑鼠移動至需連接的元器件引腳，此時出現一個小圓點時，按住左鍵拖動至被連接的元件引腳或被連接的電線，當出現一個小圓點時，點擊左鍵即可。若要刪除連線，按右鍵該連線，按顯示功能表提示操作即可。

改變連線顏色只需將滑鼠指向該連線，按一下右鍵，按顯示功能表提示操作即可。元器件屬性和標籤的確定，只需選中元器件，左鍵按兩下，按顯示功能表提示操作即可。點擊功能表命令 Place/Text，游標變成 I 型，出現一個文字區塊，在其中輸入文字，文字區塊會隨字數的多少自動縮放。輸入完成後，按一下空白區即可。改變文字的顏色、字形和字型大小，按對話方塊中的提示操作即可。增加文字闡述欄請點擊功能表命令 Tools/Description Box Editor，按對話方塊提示操作即可。增加標題列請點擊功能表命令 Place/Title Block，按對話方塊提示操作即可。

第三步：設定元器件和模擬儀器參數。在完成第一步、第二步後，將實驗電路中元器件和模擬儀器的參數設定到要求即可開始模擬實驗。用滑鼠左鍵按兩下模擬儀器圖表即打開儀器面板，完成參數設定。

第四步：模擬運行。啟動模擬開關即可觀察到電壓表、電流表、功率表的讀數，從而分析實驗結果，得到實驗結論。

10.4 模擬實驗儀器

Multisim9.0 模擬實驗儀器種類齊全，功能強大。

下面重點介紹電工與電路分析實驗中常用的電壓表、電流表、數位萬用電表、功率表、函數訊號產生器、示波器、波德圖儀（掃頻儀）等。

10.4.1 電壓表和電流表

在顯示器件庫中可調用電壓表和電流表，其圖示與電壓表對話方塊如圖 10-4-1 所示。

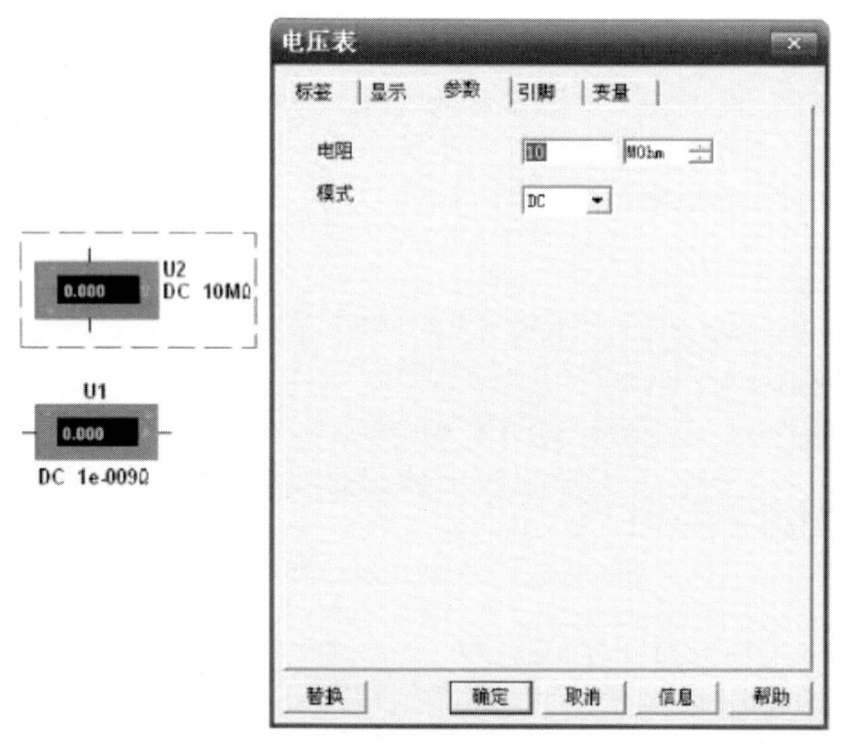

圖 10-4-1 電壓和電流表圖示及對話框

10.4.2 數位萬用電表

模擬數位萬用電表與實物數位萬用電表一樣，能測量交直流電壓、電流和電阻，也可用分貝（dB）形式測量電壓和電流，其圖示和面板如圖 10-4-2 所示。

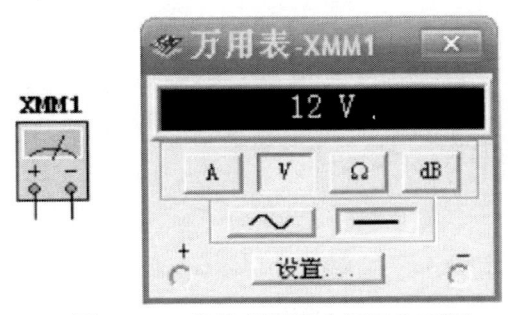

圖 10-4-2 數位萬用電表圖示和面板

一、連接

圖示上的＋、－兩個端子用來連接被測試點，與實物萬用電表一樣，測電流時，應串聯在被測電路中；測電壓或電阻時，應與所要測量的端點並聯。

二、面板操作

點擊面板上的各按鈕可進行相應的操作。測量電流，點擊 A 按鈕；測量電壓，點擊 V 按鈕；測量電阻，點擊 Ω 按鈕；測量分貝值（dB），點擊 dB 按鈕。測量交流，按「～」按鈕，其測量值是有效值；測量直流，按「－」按鈕，如用它測量交流，其測量值是平均值。設定項用於設定萬用電表的內阻等，一般選用預設值即可。

10.4.3 功率表

模擬功率表與實物功率表一樣，是一種測量電路交、直流功率的儀器，其圖示和面板如圖 10-4-3 所示。

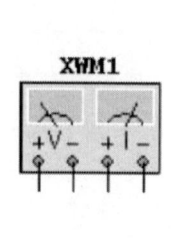

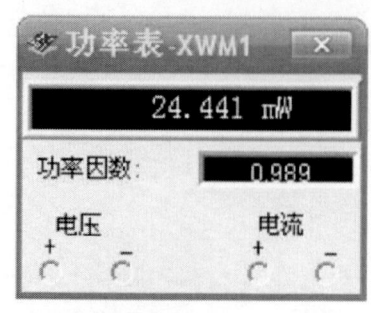

圖 10-4-3 功率表圖示和面板

一、連接

功率表圖示中有兩組端子，左邊兩端子是電壓輸入端子，與被測試電路並聯；右邊兩端子為電流輸入端子，與被測電路串聯。

二、面板操作

在測量圖 10-4-4 電路功率及功率因數的實例中，測得的功率（平均功率）、功率因數（0~1 之間）如圖 10-4-4 中顯示所示，功率單位自動調整。

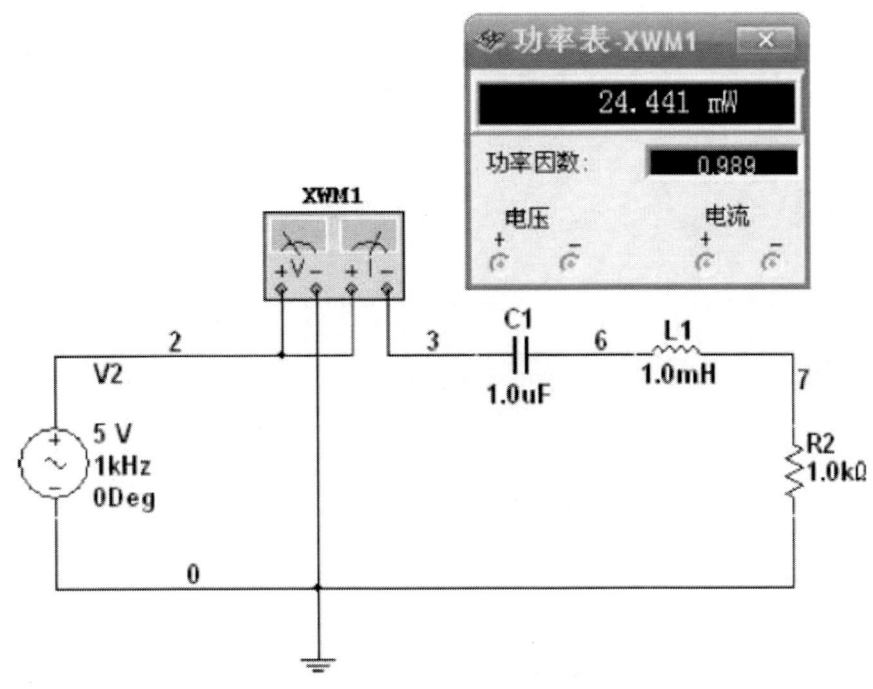

圖 10-4-4　電路功率及功率因素的測量實例

10.4.4 函數訊號產生器

　　模擬函數訊號產生器與實物函數訊號產生器一樣，是用來產生正弦波、矩形波和三角波訊號的儀器，其圖示和面板如圖 10-4-5 所示。

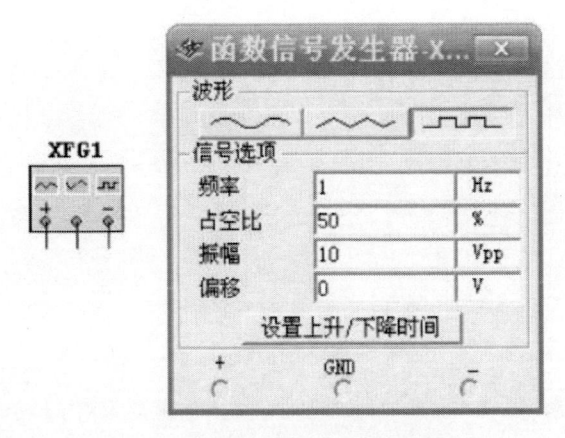

圖 10-4-5　函數訊號產生器圖示和面板

201

一、連接

函數訊號產生器的圖示有＋、GND 和－這 3 個輸出端子與外電路相連輸出電壓訊號，其連接規則是：

1.連接＋和 GND 端子，輸出一個正極性峰值訊號。

2.連接－和 GND 端子，輸出一個負極性峰值訊號。

3.連接＋和－端子，輸出一個兩倍峰值訊號。

4.同時連接＋、GND 和－端子，並把 GND 端子與電路公共地（Ground）相連，則輸出兩個幅度相等，極性相反的峰值訊號。

二、面板操作

在面板上可完成輸出電壓訊號的波形類型、幅度大小、頻率高低、佔空比、升降時間或偏置電壓等專案的設定。

10.4.5 示波器

模擬示波器與實物示波器一樣，用它來觀察訊號波形並測量訊號幅度、頻率和週期等參數。其圖示和面板如圖 10-4-6 所示。

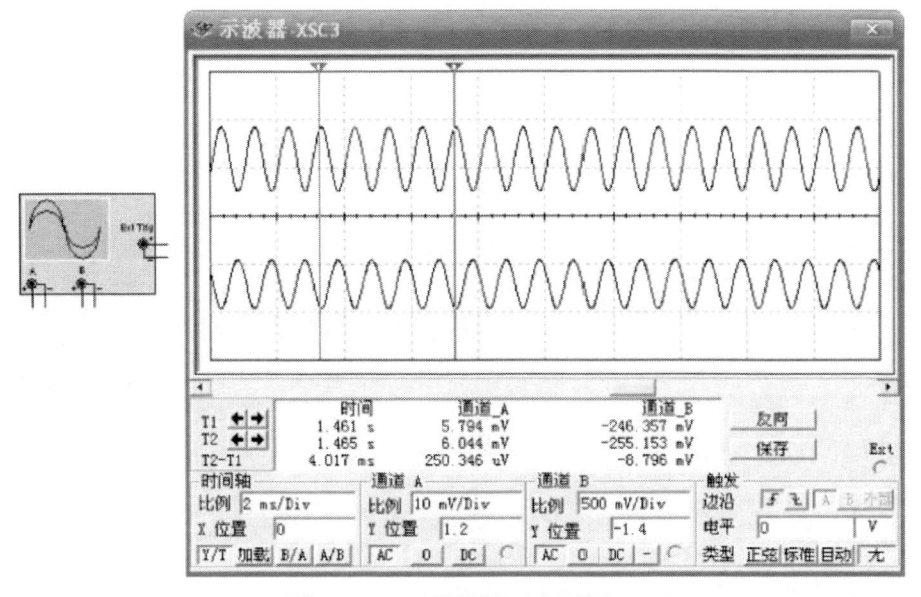

圖 10-4-6 示波器圖示和面板

一、連接

圖 10-4-6 中示波器是一個雙通道示波器，有 A、B 兩個通道，T 是外觸發端。連接方式如圖 10-4-7 所示，與實物示波器完全相同。

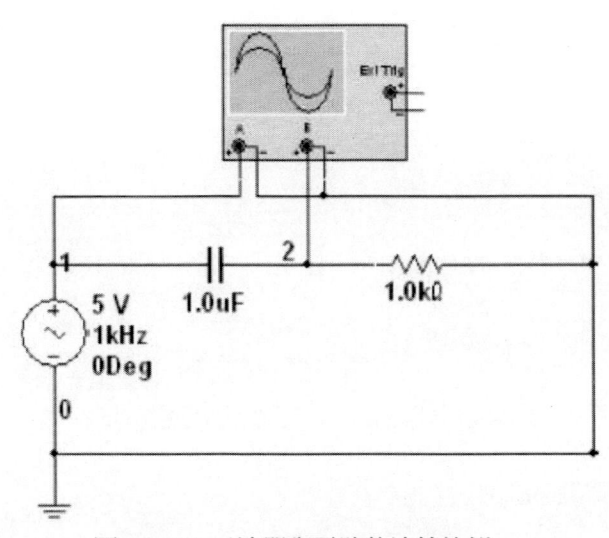

圖 10-4-7 示波器與電路的連接範例

203

二、面板操作

示波器面板及其操作如下：

1.時間軸：點擊比例項可設定 X 軸方向時間基線的掃描時間。

2.X 位置：表示 X 軸方向時間基線的起始位置。改其設定可使時間基線左右移動。

Y/T：表示以 X 軸方向顯示時間基線，並按設定時間進行掃描，在 Y 軸方向顯示 A、B 通道的輸入訊號。

B/A：表示以 A 通道訊號作為 X 軸掃描訊號，在 Y 軸上顯示 B 通道訊號。

A/B：與 B/A 相反。這兩種方式主要用於觀察利薩如圖形。

3.通道 A：用來設定 Y 軸方向 A 通道輸入訊號的標度。

點擊比例項可設定 Y 軸方向對 A 通道輸入訊號每格所表示的電壓數值。

Y 位置：表示時間基線在顯示幕幕中的上下位置。其值大於零時，時間基線在螢幕中線上方，反之在下方。

AC：表示測試輸入訊號中的交流分量。

DC：表示測試輸入訊號中的交直流分量。

0：表示將輸入訊號對地短路。

4.通道 B：其功能與通道 A 相同，僅是「－」鍵可將 B 通道訊號反相。

5.觸發：設定示波器觸發方式。

邊沿：將輸入訊號的上升沿或下降沿作為觸發訊號。

電平：選擇觸發電平的大小。

自動：觸發訊號來自示波器內部，不依賴外部訊號，一般情況下使用自動方式。

A 或 B:表示用 A 通道或 B 通道的輸入訊號作為同步 X 軸時基掃描的觸發訊號。

外部：用示波器圖示上 T 連接的訊號作為觸發訊號來同步 X 軸時基掃描的觸發訊號。

正弦：以市電交流訊號作為 X 軸時基掃描的觸發訊號。

6.測量波形參數：在示波器螢幕上有兩條可以左右移動的讀數指標，當用滑鼠左鍵拖動讀數指標左右移動掃過波形時，在顯示幕幕下方的 3 個測量資料的顯示區，會顯示波形參數。T_1 表示 1 號讀數指標離開螢幕最左端（時基線零點）的時間，T_2 同理。通道 A 列是讀數指標 1 測得的通道 A、通道 B 訊號的幅值和它們幅值之差值。

7.設定訊號波形顯示顏色、螢幕背景顏色、保存、移動波形：波形的顯示顏色與 A、B 通道連接導線的顏色相同。點擊反向鍵、保存鍵即可改變螢幕背景的顏色、保存波形。利用指標拖動顯示幕幕下沿的捲軸可左右移動波形。

10.4.6 波德圖儀

波德圖儀（BodePlotter）又叫掃頻儀，與實物儀器一樣，是用來測量電路、系統或放大器幅頻特性和相頻特性的一種儀器。

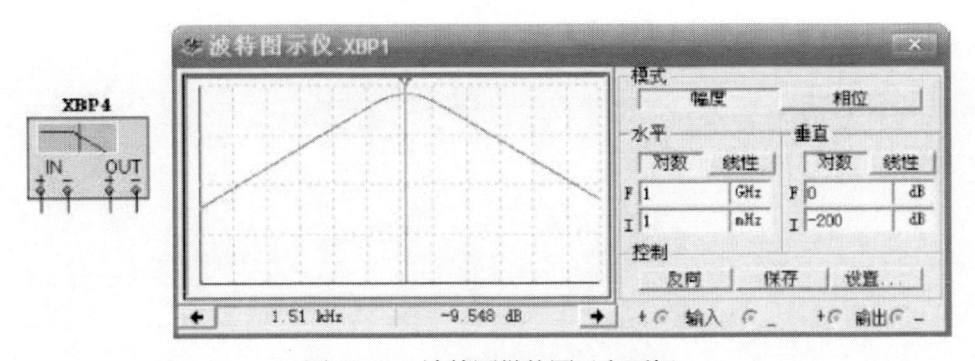

圖 10-4-8 波德圖儀的圖示和面板

一、連接

波德圖儀有 4 個接線端，左邊 ZN 是輸入埠，其 V+、V－分別與電路輸入端的正負端子相連；右邊 OUT 是輸出埠，其 V+、V－分別與電路輸出端的正負端子連接。

波德圖儀本身不帶訊號源，在使用時需在電路輸入埠示意性地接入一個交流訊號源，無需對其進行參數設定。

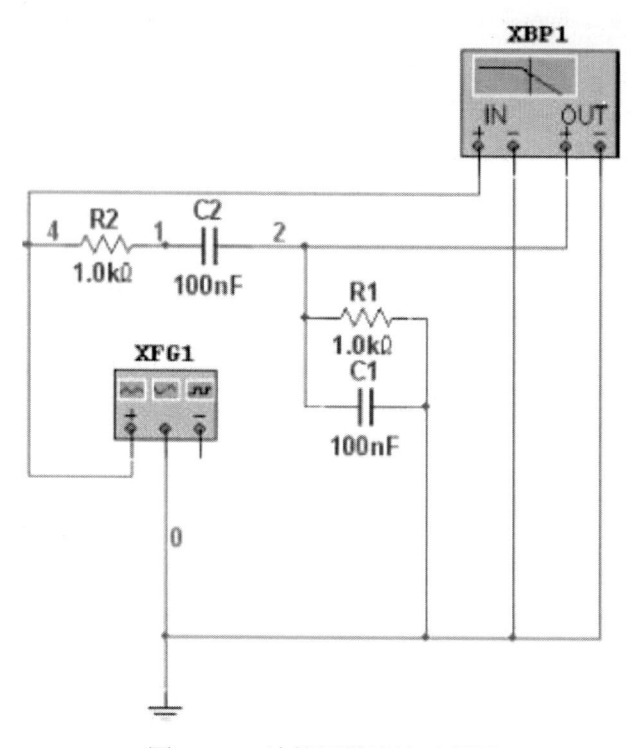

圖 10-4-9 波德圖儀連接示意圖

二、面板操作

1.選擇幅度顯示幅頻特性曲線。

2.選擇相位顯示相頻特性曲線。

3.面板上可設定波德圖儀頻率的初始值 I 和最終值 F，還可以完成設定掃描解析度以及保存測量結果等功能。

4.點擊波德圖儀面板螢幕下方左、右各一個的讀數指標或用滑鼠拖動它,可測量某頻率點的幅值和相位,其值在螢幕下方顯示,如圖 10-4-8 所示。

附　錄　常用電路與電工實驗儀器的基本工作原理與使用說明

一、模擬萬用電表

萬用電表是一種多功能、多量程的可攜式電工儀表，分類比萬用電表和數位萬用電表兩類。一般的萬用電表可以測量直流電流、交直流電壓和電阻，有些萬用電表還可測量電容、功率、電晶體直流放大係數 hFE 等。

（一）結構

萬用電表主要由三部分組成：表頭、測量電路和轉換裝置。

表頭是一隻直流微安表，它是此類儀表的核心，很多重要性能，如靈敏度、準確度等級、阻尼及指標回零等大都取決於表頭的性能。表頭的靈敏度是以滿刻度時的測量電流來衡量的，此電流又稱滿偏電流，表頭的滿偏電流越小，靈敏度就越高。

測量電路的作用是把被測的電量轉化為適合於表頭要求的滿偏電流以內。測量電路一般包括分流電路、分壓電路和整流電路等。分流電路的作用是把被測量的大電流通過分流電阻變成表頭所需的微小電流；分壓電路是將被測高電壓通過分壓電阻分壓變換成表頭所需的低壓；整流電路將被測的交流通過二極體整流變成表頭所需的直流。

萬用電表的測量功能種類及量程的選擇是靠轉換裝置來實現的，其主要部件是轉換開關。轉換開關的好壞直接影響儀表的使用效果，好的轉換開關應轉動靈活、手感好、旋轉定位準確、觸點接觸可靠等，這也是選購該類儀表時應重點檢查的一個專案。

（二）工作原理

根據測量電壓、電流以及電阻的工作方式，可將此類儀表分為指標式（即類比式）和數位式。

1.指針式儀表

（1）直流電流的測量由於表頭最大只能流過較小的直流電流，為了能測量較大的電流，一般採用並聯電阻分流法，使多餘的電流從並聯的電阻中流過，而通過表頭的電流保持在微安表頭的滿偏電流以內。並聯的電阻越小，可測量的電流就越大。其多量程的測量，是通過轉換開關及不同的插孔來改變分流電阻的大小而實現的。如圖（附錄）1-1-1 所示，I_1 為微安表頭的滿偏電流，I_2 為通過並聯電阻的電流，假設微安表頭的電阻為 R_1，並聯電阻為 R_x，測量直流電流時，

$I_1 \times R_1 = I_2 \times R_x$　　　　　　　（1）

由（1）式可得，$I2 = \frac{R_1}{R_x} I_1$，且 $I = I_2 + I_1$，所以：

$$I = I_2 + I_1 = \frac{R_1}{R_x} \times I_1 + I_1 = \frac{R_1 + R_x}{R_x} \times I_1$$

由（2）式可知，當並聯不同的電阻值時，可獲得不同量程的直流電流擋。

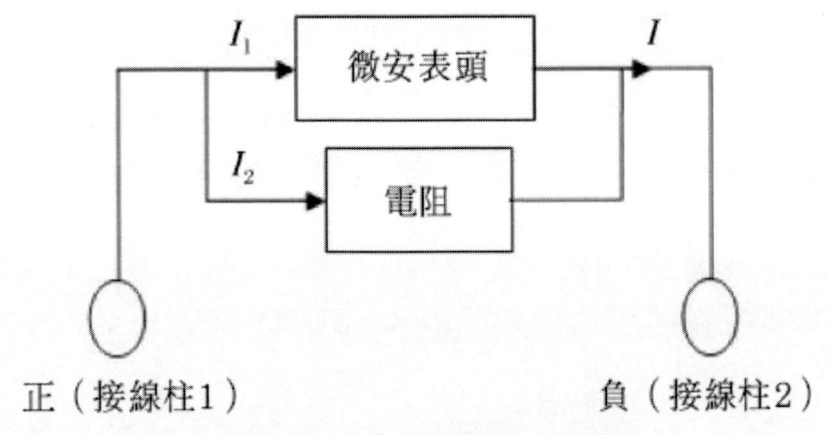

圖（附錄）1-1-1 直流電流測量電路圖

（2）交流電流的測量

由於表頭只能流過直流電，因此測量交流時還需要一個整流電路。一般採用二極體半波整流的形式將交流變為直流，交流電流的測量原理與直流電流測量原理類似，

就是在直流電流測量電路的基礎上加了一個整流電路，電路圖如圖（附錄）1-1-2 所示，其推導過程和直流電流的推導過程一樣。

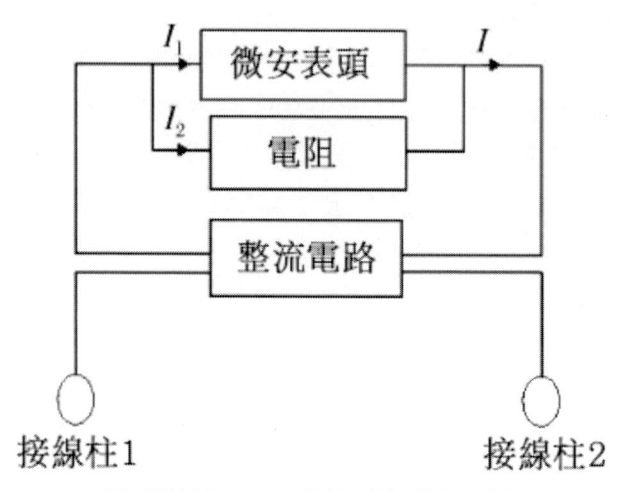

圖（附錄）1-1-2 交流電流測量電路圖

（3）直流電壓的測量

我們知道在直流電路中，電流、電阻、電壓是密不可分的，既然表頭可流過電流使指針偏轉，而表頭自身又有一定的電阻，所以萬用電表的表頭實際上也是一隻直流電壓表（U＝IR），只不過測量範圍很小，一般只有零點幾伏。實際電路中，是通過串聯電阻分壓來達到擴大量程的目的的。所串聯電阻越大，則可測量的電壓就越高，不同的電壓量程就是通過轉換開關獲得不同的分壓電阻來實現的。直流電壓的測量就是在直流電流測量電路的基礎上串聯分壓電阻 R_2 而成，如圖（附錄）1-1-3 所示，假設直流電流擋的滿偏電壓為 U_1，其內阻為 R_1，且回路中電流為 I，則：

$$I = U_1 / R_1 \tag{3}$$

$$U = U_1 + U_2 = U_1 + (U_1 / R_1) \times R_2 = (1 + R_2/R_1) \times U_1 \tag{4}$$

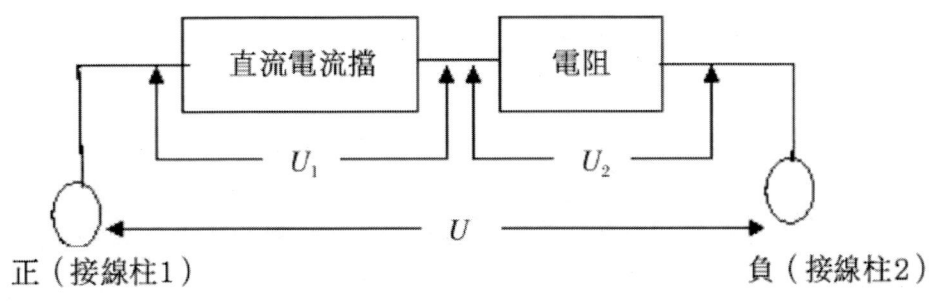

圖（附錄）1-1-3 直流電壓測量電路圖

（4）交流電壓的測量

交流電壓的測量原理與直流電壓測量原理類似，就是在直流電壓測量電路的基礎上加了一個整流電路，電路圖如圖（附錄）1-1-4 所示，其推導過程和直流電壓的推導過程一樣。

（5）電阻的測量

電阻的測量是依據歐姆定律進行的。利用通過被測電阻的電流及其兩端的電壓來反映被測電阻的大小，使電路中的電流大小取決於被測電阻的大小，即流經表頭的電流由被測電阻所決定，此電流反映在表盤上，通過歐姆標度尺即為被測電阻的阻值。如圖（附錄）1-1-5 所示，電阻擋是在直流電流擋的基礎上改裝而成，一般有 R×1、R×10、R×100、R×1K、R×10K 五擋，內部連有電池，便於測量電阻時供電。假設直流電流擋的電阻為 R1，滿偏電流為 I，電池電壓為 U，待測電阻為 R，則，（R1+R）×I＝U。

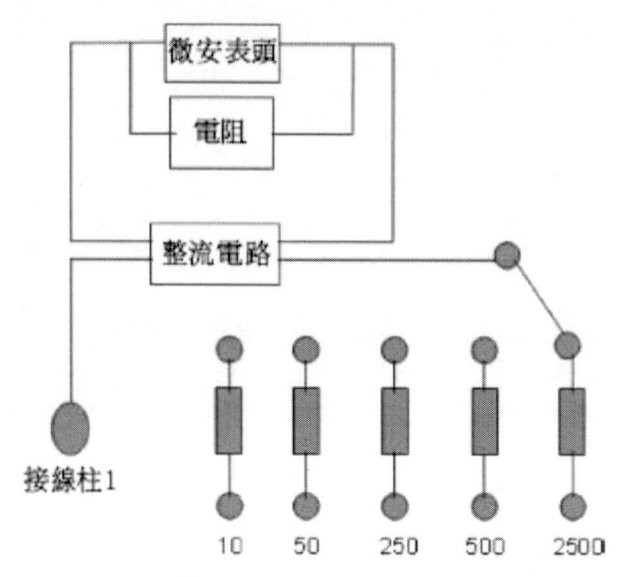

圖（附錄）1-1-4 交流電壓測量電路圖

所以

R＝U/I－R₁（5）

由式（5）即可測出電阻。

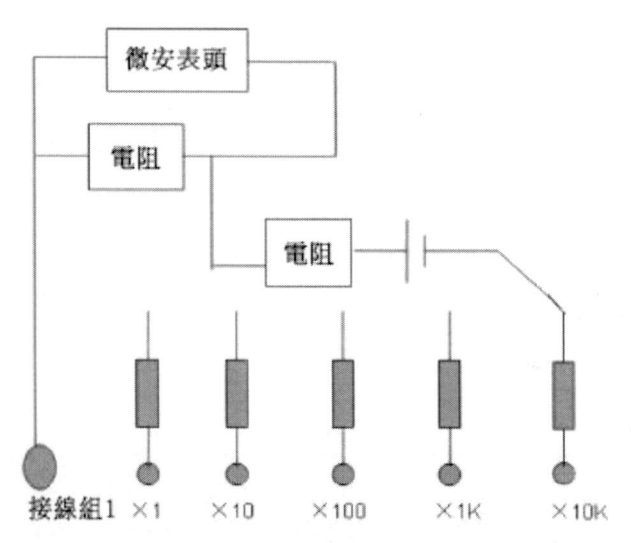

圖（附錄）1-1-5 電阻電流測量電路圖

二、數位萬用電表

（一）結構簡介

數位表由於具有測量精確、取值方便、功能齊全等優點，因此深受無線電愛好者的歡迎，最普通的數位表一般具有電阻測量、通斷聲響檢測、二極體正嚮導通電壓測量。交流直流電壓電流測量、三極管放大倍數及性能測量等。有些數位表則增加了電容容量測量、頻率測量、溫度測量、資料記憶及語音報數等功能，給實際檢測工作帶來很大的方便。數位表電路圖如圖（附錄）1-2-1 所示，經過 AC/DC 自動轉換電路，由微處理器控制，輸出到 LCD 顯示器顯示。一般 AC/DC 自動轉換電路可分成：取樣電路、電壓放大器、隔直電路、負壓整流電路。

```
┌─────────────────┐      ┌──────────┐      ┌──────────┐
│ AC/DC自動轉換電路 │ ←──→ │  微處理器  │ ───→ │ LCD顯示器 │
└─────────────────┘      └──────────┘      └──────────┘
```

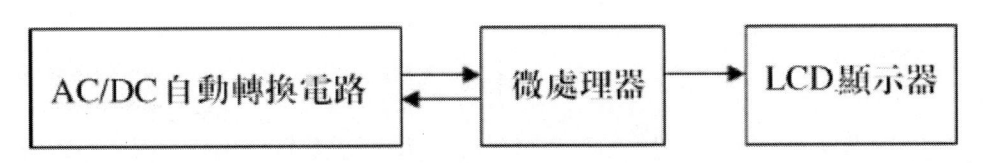

圖（附錄）1-2-1 數位萬用電表電路圖

（二）顯示位元數

每個數字表有自己的 A/D 轉化精度，我們把這個精度用顯示位元數來表示，數位萬用電表的顯示位元數有 8 種，分別為 $3\frac{1}{2}$ 位，$3\frac{2}{3}$ 位，$3\frac{3}{4}$ 位，$4\frac{1}{2}$ 位，$5\frac{1}{2}$ 位，$6\frac{1}{2}$ 位，$7\frac{1}{2}$ 位，$8\frac{1}{2}$ 位。顯示位元數確定了數位萬用電表的最大顯示量程，是數位萬用電表非常重要的參數。

數位萬用電表的顯示位元數都是由 1 個整數和 1 個分數組合而成，其中，分數中的分子表示該數位萬用電表最高位元所能顯示的數位；分母則表示最大極限量程時最高的數字。而分數前面的整數表示最高位元後的數位。例如 $3\frac{1}{2}$ 位元，其中整數「3」表示數位萬用電表最高位元後有 3 個整數位元，「$\frac{1}{2}$」中的分子「1」表示該數位萬用

電表只能顯示從 0~1 的數位,故最大顯示值為±1999;分母「2」表示該數字萬用電表的最大極限量程數值為 2000,故最大極限量程為 2000。再如 $3\frac{3}{4}$ 位元,表示該數位萬用電表最大顯示值為±3999,最大極限量程數值為 4000。

(三)儀表使用中的注意事項

1.防摔

儀表在任何情況下都不能受到強烈的機械振動和跌落等衝擊,因為嚴重的衝擊將導致表殼破裂、數位表的液晶顯示幕失效、類比式表的表頭磁鋼退磁而造成靈敏度下降、表頭可動部分(動圈、遊絲、軸尖等)損壞等,還要儘量避免陽光直射、灰塵彌漫的空氣和腐蝕性物質對儀表的損害。

2.調零

指標式儀表的表面上都設有機械零點調整旋鈕或調整螺釘,如發現表針並未指在機械零位元(即電壓擋刻度的零點、歐姆擋刻度的無窮大處),須輕穩緩慢地轉動機械零點調整機構,使表針回零,以消除零點誤差。

指標表在使用歐姆擋之前,應當首先通過歐姆調零旋鈕將表針調至歐姆擋刻度尺的零點,若調節有效但無法置零,說明電池已舊,需更換新電池。每當變換歐姆擋後均應重新調整歐姆零點,在使用中也應當經常複查有無零點遷移現象。

3.量程選擇

為了減小測量誤差,必須合理地選擇量程。對於模擬表,一般測量時表針偏轉到滿度值的 2/3~3/4 位置時測量誤差較小,愈接近滿度值,其誤差亦愈小。歐姆擋則不同,應使表針儘量落在歐姆刻度尺中心位置附近較為理想,愈接近中心則愈準確。對於數字萬用電表,其擋位的選擇以求最大限度地顯示被測資料有效數字的位元數為目標。

如果事先無法估量被測電阻、電壓或電流的大致範圍，必須先置量程選擇開關於相應測量種類的最高擋位元，然後根據測量顯示（指示）值的大小而適當變更。對於自動轉換量程的數位表（如 DT-860、DT-910 等型號），則可免去這種顧慮，並能可靠地避免超載現象。然而，這種表的測量過程較長，即使被測電量十分微小，也必須遵守程式規則，自動地從最高量程逐漸降低，直至適宜為止。與此相反，DT-960T型數字萬用電表則是從最低量程向最高量程逐擋自動變換的。

4.歐姆擋檢測

當用歐姆擋檢測電路元件或電路系統時，必須首先切斷被測裝置或系統的供電電源，如果被測物件中含有蓄電量較大的電容器時，還必須以適當的方式對其放電，在確認被測部分沒有電源性因素的前提下，方可進行測量，否則，極易損壞儀表，尤其是模擬表。不得用歐姆擋檢測各種電池的內阻，也不得直接測量高靈敏度表頭的內阻。前者極易損壞儀表，後者往往造成被測表頭打壞表針，甚至可能燒壞動圈。

5.測電壓

在測量低內阻電路（包括含有低內阻電源的網路和低值負載電阻的網路）的電壓時，應儘量選擇較大的電壓量程；在測量高內阻電路（或電源）的電壓時，類比表應儘量選擇較高的電壓量程，數位式表因其內阻較高而比較容易滿足測試要求。

6.測電流

在測量低內阻電路（包括含有低內阻電源的網路和低值負載電阻的網路）的電流時，應儘量選擇較大的電流量程；在測量高內阻電路（或電源）的電流時，類比表應儘量選擇較高的電流量程，數位表因其內阻較高而比較容易滿足測試要求。

7.有效值測量

普通表交流測量擋只適宜測量正弦波電壓或電流的有效值，它不能直接測量鋸齒波、三角波、方波等非正弦電量。即便是正弦波電量，其頻率參數和波形失真度也必

須符合儀表的技術條件，否則，測量誤差將顯著增大。非正弦波電壓或電流的有效值一般可用電動式、電磁式儀表或有效值數位表（如 DT-980 型）進行測量。

8.換擋

在測量電壓和電流的過程中，最好不要變換選擇開關的擋位元，尤其是在較高電壓和較大電流的情況下，選擇開關在切換過程中很容易產生電弧而燒傷開關的觸點，並損壞內部元件及線路。遇到表內保險管熔斷時，要按說明書中指定的規格進行更換，切莫隨意擴大或減小。

9.讀數

對於類比式表，為減小讀取資料的視差，眼睛視線必須正對表針。對於裝有反射鏡的表盤，應調整視線至表針與鏡中的針影重合為准，此時視差最小。儀表還必須水準放置，最大傾角不得超過 10 度。

10.結束工作

測量完成後，應將選擇開關置於最高電壓擋或空擋（如 M64 型的「OFF」擋、500 型的「＊」擋），以防下次使用時不慎而燒表。空擋由於在表內已將表頭短路，故具有較好的阻尼和保護功能，不僅能夠防止燒壞表頭，還能抵禦電表在攜帶、運輸過程中震動、顛簸對表頭所造成的危害。對於無空擋的儀表，可以製作一條兩端帶有插頭的專用線，將兩個插頭分別插入表的「＋、－」插孔，並將選擇開關置於直流電流最低擋，此舉同樣有效。

三、函數訊號產生器

訊號源包括函數訊號產生器、脈衝訊號產生器、音訊訊號產生器、任意波形訊號產生器以及掃描頻率產生器等多種設備，用於各種各樣的工程測試。其中直接數位器件合成（DDS）是一種較新的技術，它利用了最現代化的數位器件的能力，成為系列產品的主幹，發展出函數產生器和任意波形產生器這樣高水準的產品。

基本的函數產生器提供正弦波、方波和三角波，頻率範圍在 1MHz 到約 50MHz 之間。有的還具有調製的功能，可以產生調幅、調頻、調相及脈寬調製等訊號。訊號產生器是電子測量儀器中應用最廣泛的儀器之一。它的實質是一種電訊號源，它能夠產生不同頻率、不同幅度的規則或不規則波形電訊號。在電子技術領域中，無論是研製、生產、使用或維修各種電子設備，其性能特性只有引入一定電訊號作用時才能顯露出來。因此，就需要訊號產生器來提供電訊號源。在電子測量技術中，所有的參量測量，幾乎都需要借助訊號產生器來完成。

函數訊號產生器為了產生各種輸出波形，利用各種電路通過函數變換實現波形之間的轉換。函數訊號產生器在設計上又分類比方式和數位合成方式。其中通用的類比方式函數訊號產生器結構如圖（附錄）1-3-1 所示：

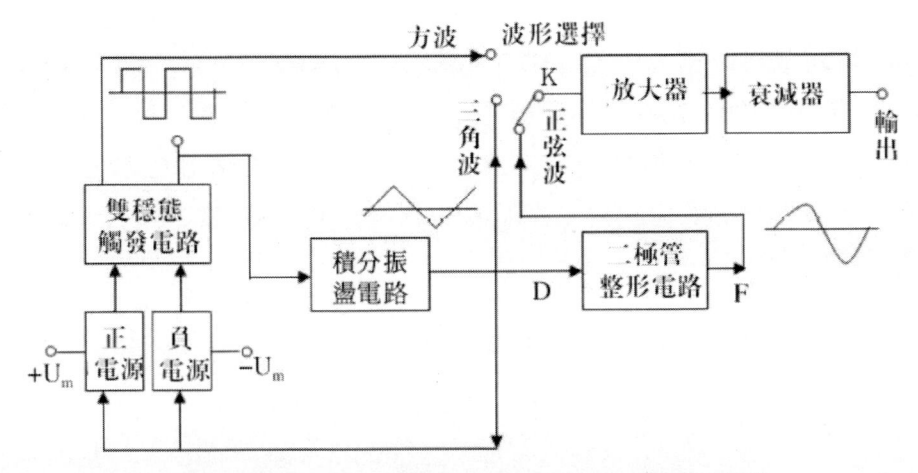

圖（附錄）1-3-1 模仿方式函數訊號產生器基本結構

類比方式函數訊號產生器通過雙穩態觸發電路、正負電源和電壓比較器產生方波訊號，該訊號源提供一路作為方波訊號源輸出；另一路通過積分振盪電路可以實現方波到三角波訊號的轉換，並提供三角波訊號的輸出；所產生的三角波訊號又可經過二極體整型電路實現，正弦波的獲得與輸出。三種波形的選擇通過轉換開關實現。同時，函數訊號產生器提供一頻率控制網路，以實現對產生波形的頻率控制。在函數訊號產生器的輸出端，還設定有放大器、衰減器，方便用戶獲得理想幅值範圍內的波形。

圖（附錄）1-3-2 SPF05DDS 訊號源

數位函數訊號產生器主要是利用 CPU 或 FPGA 技術與 DA 轉換技術相結合，產生需要的訊號。如圖（附錄）1-3-2 所示為盛普公司的 SPF05 型數位合成函數/任意波訊號產生器。SPF05 型數位合成函數/任意波訊號產生器/計數器是一台帶有微處理器的數位合成訊號產生器，同時具有 100MHz 的等精度頻率計數器功能。採用現代直接數位合成技術設計製造，與一般傳統訊號源相比，具有高精度、多功能、高可靠等一些獨特的優點。

函數訊號產生器的使用主要有以下幾步：

1.確定訊號類型：如方波訊號就選擇相應的方波指示位置。

2.頻率選擇：通過旋鈕或數位輸入方式將頻率設定到需要的頻率。

3.幅度選擇：根據需要將幅度設定到合適的位置，注意有效值和峰-峰值的區別。

四、示波器

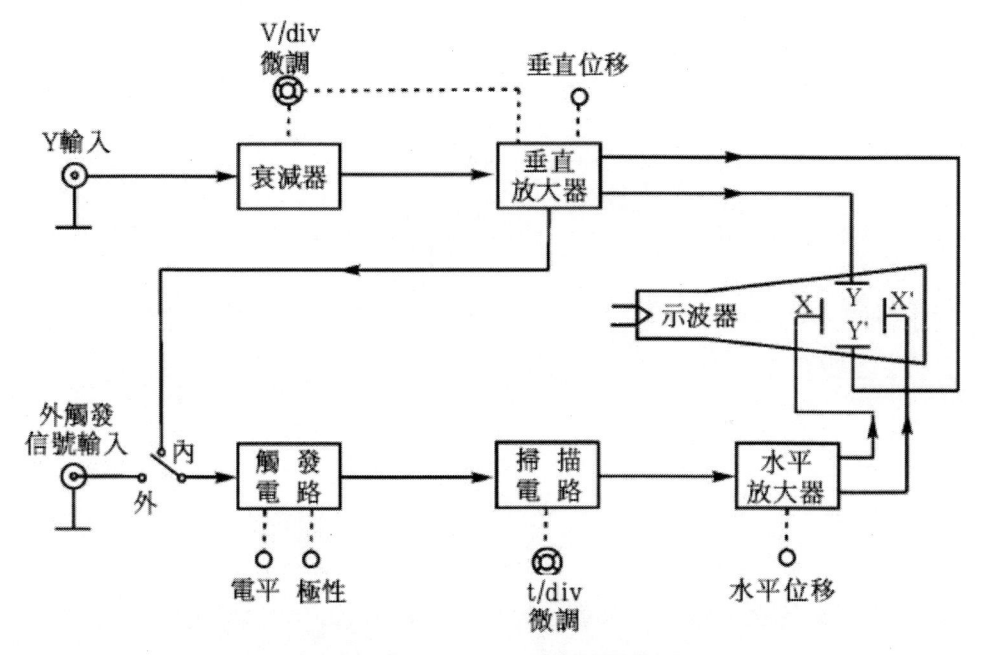

圖（附錄）1-4-1 示波器總體框圖

　　示波器是一種能把隨時間變化的過程用圖像顯示出來的電子儀器。用它來觀察電壓（或轉換成電壓的電流）的波形，並測量電壓的幅度、頻率和相位等。因此，示波器被廣泛地應用在無線電測量中。從示波器的性能和結構出發，可將示波器分為類比示波器、數位示波器、混合示波器和專用示波器。但它們都包含基本組成部分，如圖（附錄）1-4-1 所示。

　　示波管內部的電子槍發射電子，通過電場加速後轟擊螢光粉即可使螢光粉發光。電子在加速的過程中，如果同時受到垂直方向的電場力 F 偏轉，其運動方向將會發生改變（偏轉），由於 $F_{偏轉} \propto u_y$，所以電子打在螢幕上偏離中心的距離 y 正比於偏轉電壓 u_y，如圖（附錄）1-4-2 所示。

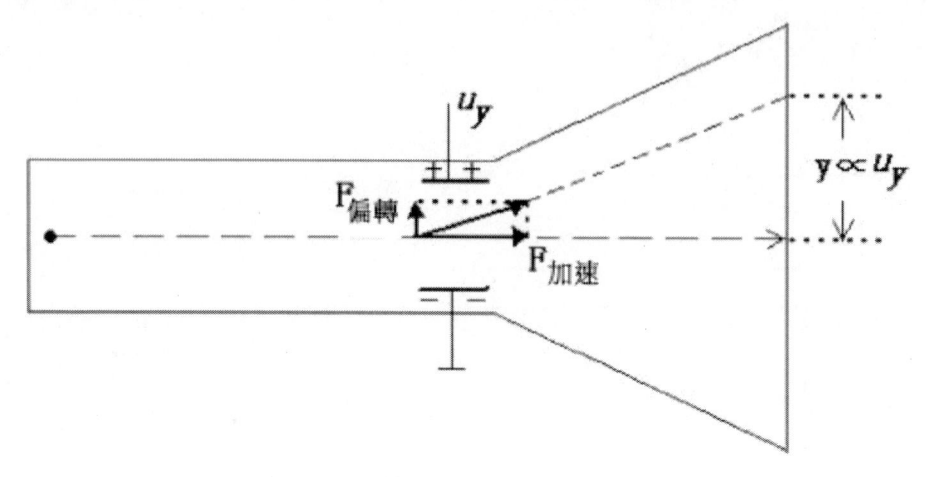

圖（附錄）1-4-2 電子束偏轉

　　如果設定兩個偏轉板（如圖（附錄）1-4-3所示），分別加上偏轉電壓 ux、uy，則電子轟擊螢幕的位置如圖所示，電子束將在 x 軸方向和 y 軸方向構成的二維平面偏轉，其中 x∝u_x，y∝u_y。

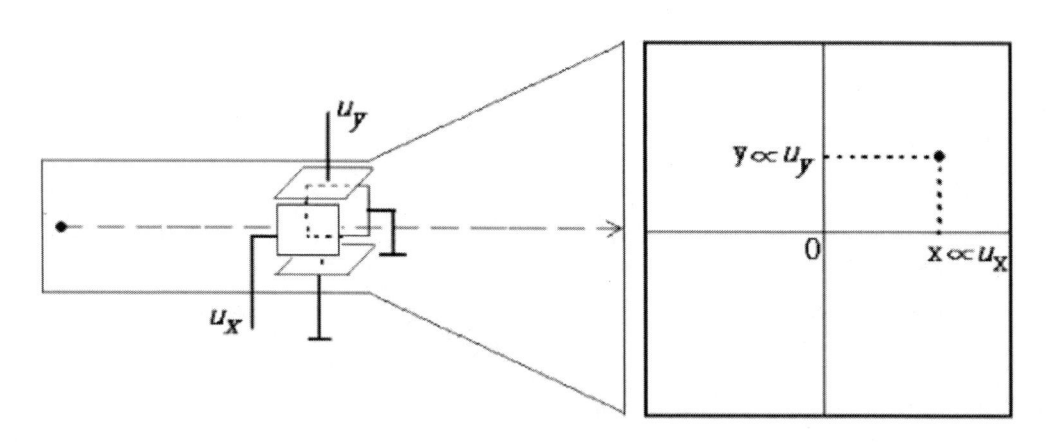

圖（附錄）1-4-3 電子束在二維平面偏轉

　　若偏轉電壓 u_x、u_y 隨時間變化，則時間不同，u_x、u_y 不同，電子轟擊螢幕的位置不同，如果 X 偏轉板所加電壓與時間成線形關係，即 u_x∝t，則 x∝u_x∝t，電子在 X 方向的偏轉距離即可表示時間 t，電子在螢幕上掃描出的軌跡就是 u_y 的波形。掃描過

程如圖（附錄）1-4-4 所示，（a）為只加訊號電壓圖；（b）為時間基線的獲得圖；（c）為訊號波形在時間軸上展開圖。

當 u_x 為週期性線形鋸齒波時，電子將在螢幕上不斷地從左到右重複掃描，顯示出該時段 u_y 的波形（當電子從右往左回掃時，採取措施使電子達不到螢幕）。若每次掃描的軌跡不重複，我們看到的是不斷移動的波形，這種現象稱為波形不同步。

為了看到穩定的波形，電子在螢幕上重複掃描的軌跡必須相同。當 u_x 的週期 T_x 為 u_y 週期 T_y 的整數倍時，即可達到這個目的。

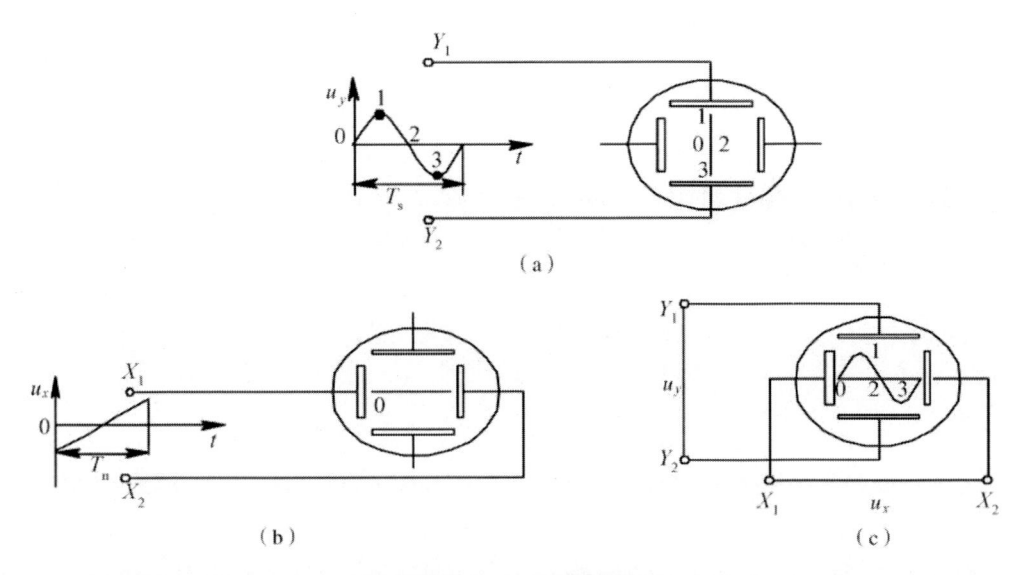

圖（附錄）1-4-4 掃描過程

示波器的功能圖如圖（附錄）1-4-5 所示，主要包含以下幾部分：

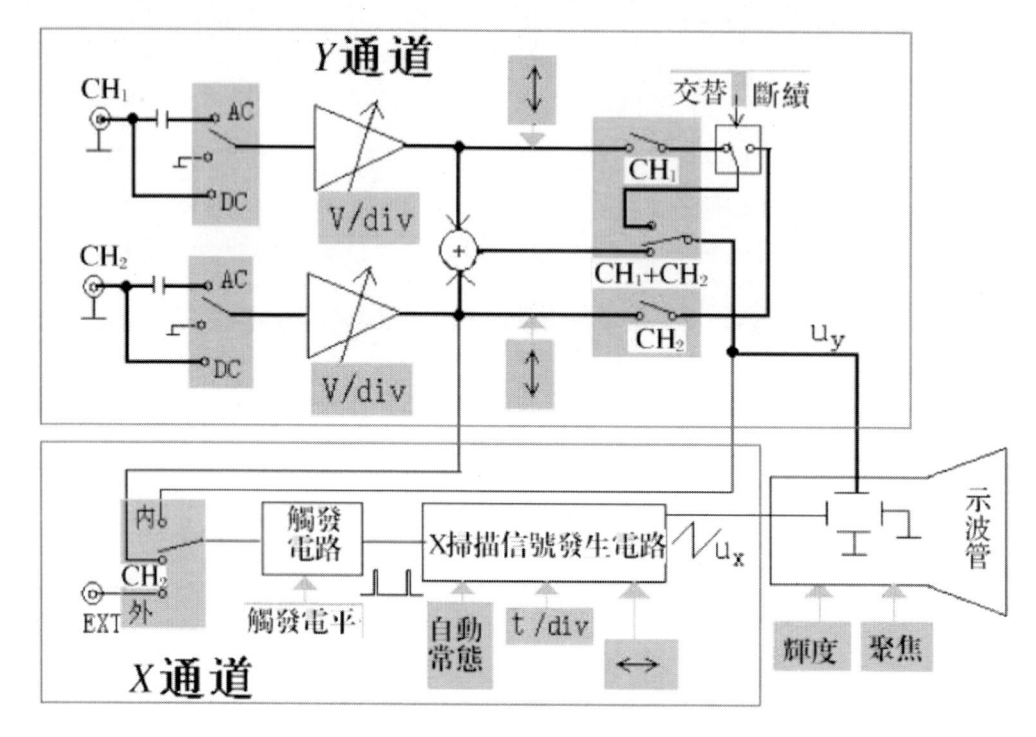

圖（附錄）1-4-5 示波器功能圖

1.垂直通道（Y通道）

　　Y通道實現對被測訊號的衰減或放大，以控制顯示波形的幅度，衰減或放大量的調節稱為Y軸靈敏度調節，調節方式有粗調（V/div，步進調節）和細調（連續調節）。定量測量訊號幅度時必須將細調旋鈕置於校準位置，否則放大或衰減量是未知的，不能進行定量測量。

　　示波器任一時刻只能顯示一個波形，雙通道顯示實際上是在兩路訊號之間不斷切換得到的，只要切換的速度足夠快，我們就能夠「同時」看到兩個波形。

　　與Y通道有關的調節旋鈕有：

　　Y軸靈敏度：v/div，調節波形顯示的幅度。

耦合方式：AC、DC、⊥（接地）。AC、DC 表示訊號進入 Y 通道採用的是交流耦合還是直流耦合，前者將阻止訊號中的直流成分進入示波器，後者則允許訊號中的直流成分進入示波器（交流成分當然也能進入），選擇⊥（接地）時則任何訊號都不能進入示波器。

顯示通道選擇：CH_1、CH_2、雙通道（CH_1CH_2）、CH_1+CH_2。該選擇決定顯示哪一個訊號（CH_1 或 CH_2），或者同時顯示兩個訊號（雙通道），或者將兩個訊號疊加後顯示出一個訊號（CH_1+CH_2）。

Y 方向位移：↕ 按鈕能夠使顯示的波形上下移動。

雙通道顯示方式：交替、斷續，該選擇決定在雙通道顯示時兩路訊號之間切換的速度。當從左到右掃描一個波形之後再切換掃描另一個波形的方式為交替，當每次從左到右掃描的過程中不斷在兩個訊號之間快速切換的方式為斷續。交替方式顯示的波形感觀上是連續的，但當訊號頻率很低，即掃描速度很慢的時候，波形有明顯的閃爍感，甚至在掃描另一個波形的過程中前一個波形已經消失了；斷續方式顯示的波形感觀上每個波形都是由斷續的點組成的。

另外需要注意的是，被測訊號通過專用探頭輸入到示波器 Y 輸入端時，探頭對訊號可能有 10 倍的衰減。探頭上的控制開關置於「×1」擋時，沒有衰減；置於「×10」擋時，有 10 倍的衰減，此時示波器測量出的訊號幅度應該再乘以 10 才是訊號真正的幅度。

2.水準通道（X 通道）

X 通道的核心為 X 掃描產生器電路，其作用是產生週期性鋸齒波，其週期決定了從左到右掃描的速度，需要根據被測訊號的週期或頻率進行調節，以顯示一定週期數的波形。掃描速度相對太慢，從左到右的時間太長，顯示的週期數就會太多甚至無法看清波形；掃描速度相對太快，則顯示的週期數太少甚至不到一個週期，將無法完整地觀測波形。掃描速度調節方式有粗調（**t/div**，步進調節）和細調（連續調節）。定量測量訊號週期時必須將細調旋鈕置於校準位置，原因與 Y 軸靈敏度調節相同。為

了實現同步，鋸齒波的週期必須與被測訊號的週期嚴格保持整數倍關係。為此必須用被測訊號本身（內觸發訊號）或與之有關係的另一訊號（外觸發訊號）去控制 X 掃描產生器的週期，這個任務由觸發電路完成。當觸發訊號從小到大（或從大到小）變化通過某一電平（稱為觸發電平）時，觸發電路即產生一個脈衝，該脈衝用來控制鋸齒波開始掃描（如圖（附錄）1-4-6 所示）。

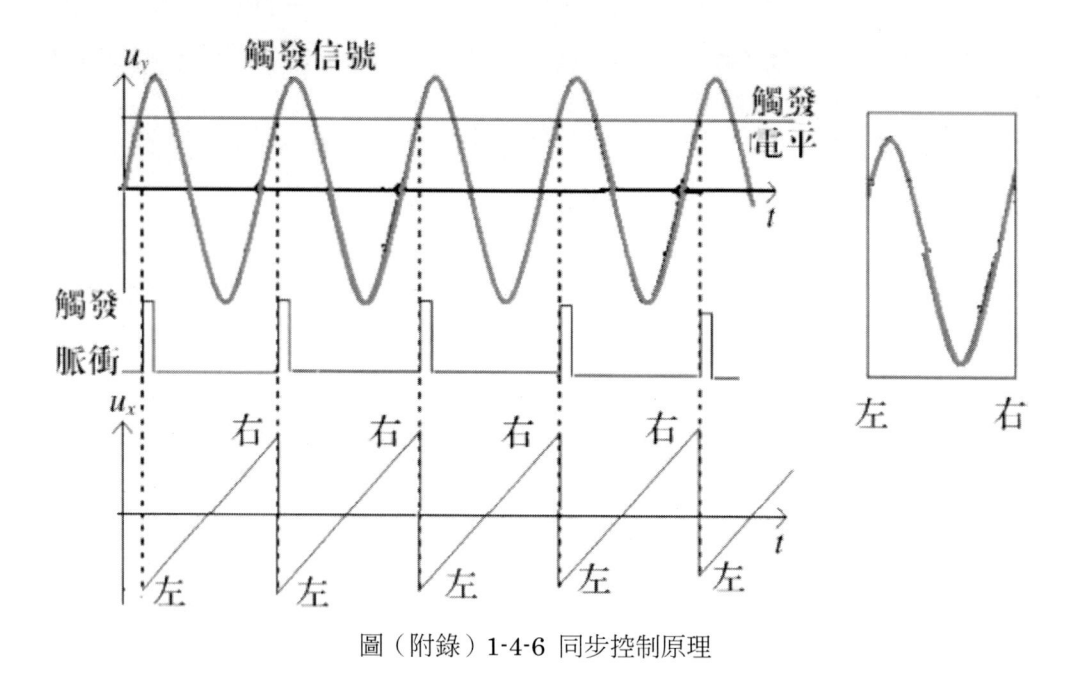

圖（附錄）1-4-6 同步控制原理

與 X 通道相關的主要調節旋鈕有：

觸發源選擇：內（CH_1 或 CH_2）、外。內觸發選擇被測訊號作為觸發訊號（CH_1 或 CH_2），外觸發則需要另外輸入一個訊號作為觸發訊號。

觸發電平調節：Level。

掃描速度：t/div

水準位移：↔ 按鈕，可以使顯示的波形左右移動。

觸發方式：自動、常態。選擇常態觸發時，只有觸發訊號達到相應的觸發電平時，觸發電路產生觸發脈衝，該脈衝控制掃描電路產生鋸齒掃描訊號，使電子從左到右掃描一次；若觸發電路沒有脈衝輸出，掃描電路將不會產生鋸齒掃描訊號，也就看不到掃描線，當然也看不到任何波形。選擇自動觸發時，即使觸發電路無脈衝輸出，掃描電路仍然會產生週期性的鋸齒波，此時可以看到掃描線或不斷移動的波形。

觸發極性選擇開關：＋、－。選擇正觸發「＋」時，當觸發訊號從小到大變化通過觸發電平時，觸發電路即產生一個脈衝；選擇負觸發「－」時，當觸發訊號從大到小變化通過觸發電平時，觸發電路即產生一個脈衝。

觸發訊號耦合方式：AC、DC、高頻抑制、TV。AC、DC 的含義與 Y 軸耦合方式相同；高頻抑制方式是通過濾波將觸發訊號中的高頻成分去掉，當觀察混有高頻干擾的低頻訊號時，採用該方式可有效防止干擾訊號影響同步；TV 方式則用於觀測電視視訊訊號，從被測的視訊訊號中提取行場同步訊號（去除代表圖像內容的訊號）作為觸發訊號。

3.XY 方式與利薩如圖形選擇 XY 方式時，兩個通道的訊號分別加到 X、Y 偏轉板上，而沒有採用內部產生的鋸齒波（如圖（附錄）1-4-7 所示），此時顯示的是兩個通道波形的關係曲線。XY 模式下顯示的圖形稱為利薩如圖形。

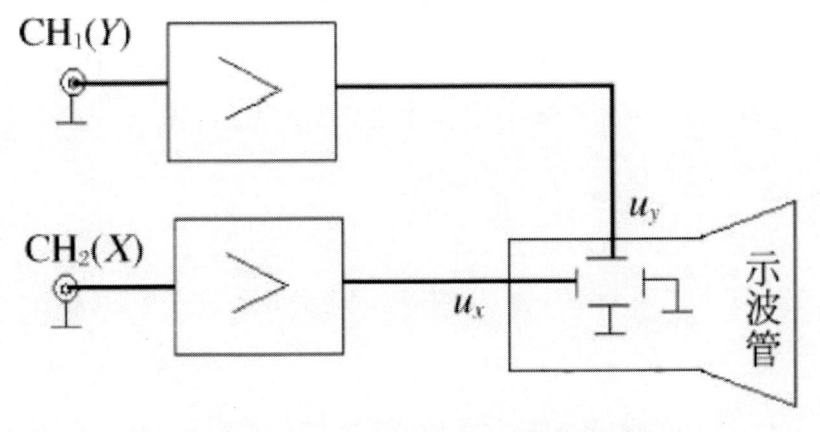

圖（附錄）1-4-7 模式下的訊號連接框圖

如果兩個通道輸入同一個訊號，即 ux＝uy，顯示的將是 y＝x 的直線（如圖（附錄）1-4-8 所示）。

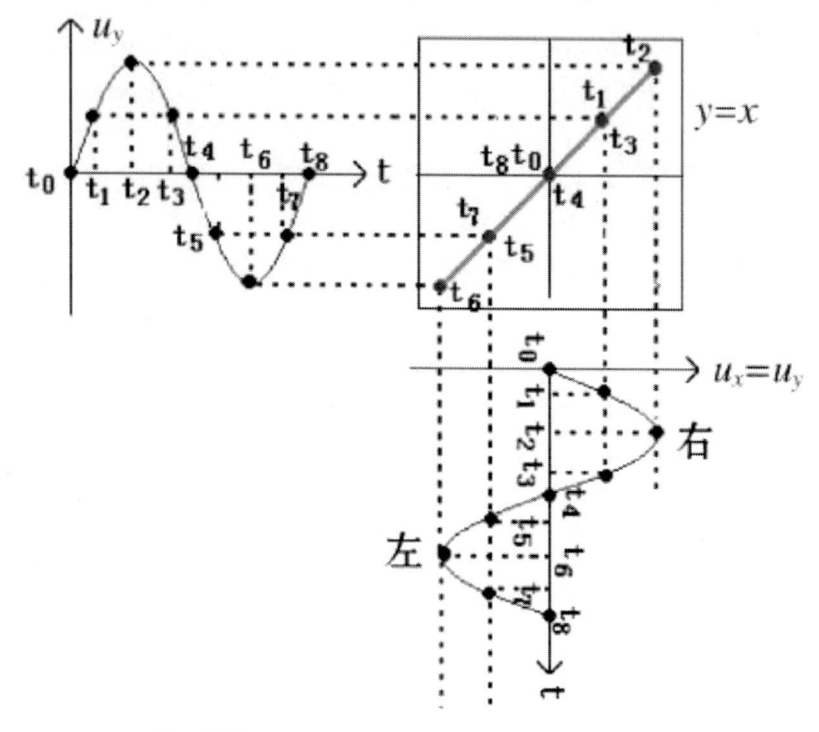

圖（附錄）1-4-8 XY 模式下 u_x=u_y 時顯示的圖形

只有當 X 與 Y 訊號的頻率之比為整數之比時，才可以觀察到穩定的利薩如圖形。利薩如圖形與縱軸和橫軸的交點數之比即為 X 與 Y 訊號的頻率之比，即 $\frac{f_x}{f_y}=\frac{n_y}{n_x}$ 如圖（附錄）1-4-9 所示利薩如圖像為例，$\frac{f_x}{f_y}=\frac{n_y}{n_x}=\frac{2}{6}$。

示波器可以用來定性觀察訊號的波形，也可定量測量訊號的週期（頻率）、幅度、相位等參數。

測量時應使被測波形穩定地顯示在螢幕中央，顯示的幅度一般不宜過大，以避免非線性失真造成的測量誤差，也不能過小造成讀數的誤差甚至影響同步。

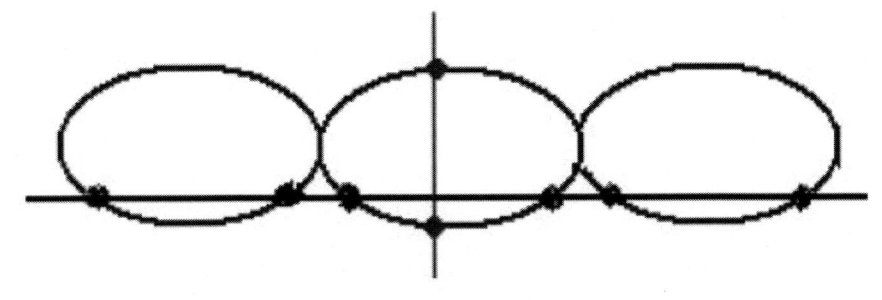

圖（附錄）1-4-9 利薩如圖形與訊號頻率之間的關係

示波器的使用方法如下：

1.直流電壓測量

（1）將 Y 軸輸入耦合開關「DC－⊥－AC」置於「⊥」位置，觸發方式開關置於「自動」位置，此時螢幕上出現掃描基線，將掃描基線調至合適的位置，作為零電平基準線。

（2）將 Y 軸輸入耦合開關置於「DC」位置，被測電平由相應的 Y 輸入端輸入，掃描基線將移動 H（div），如果此時 Y 軸靈敏度選擇開關所處擋的標稱值為 U_0，「微調」旋鈕處於「校準」位置，則被測直流電壓值為 $U=\pm HU_0$（伏）（基線向上移動取「＋」號，基線向下移動取「－」號）。

2.交流電壓測量

將靈敏度「微調」旋鈕置於「校準」位置，靈敏度開關所處擋的標稱值為 U_0，若顯示的波形在螢幕上佔 H（div），則被測訊號的電壓峰峰值為 $U_{pp}=HU_0$（伏）。

實際測量時，必須考慮示波器輸入阻抗對被測電路的影響，它可能會降低測量的精確度。特別在測量高速脈衝時，示波器的輸入電容影響很大，嚴重的甚至會破壞被測電路的正常工作。在使用探頭測量快速變化的訊號時，必須注意探頭的接地點應選擇在被測點附近。

使用高頻探頭測量時,輸入阻抗提高到 10MΩ||15pF,但同時也引進了 10:1 的衰減,使測量靈敏度下降 10 倍。所以在使用高頻探頭測量電壓時,被測量電壓的實際數值應是從螢幕上直接讀得的數值的 10 倍,即 $U=10HU_0$(伏)。

3.時間測量

時間測量是指對脈衝波形的寬度、週期、邊沿時間及兩個訊號波形間的時間間隔等參數的測量。一般要求被測部分在螢幕 X 軸方向應佔 4~6div。

時間測量採用直接讀數法。測量時先將「掃描微調」旋鈕置於「校準」位置,調整「掃描時間」(t/div)開關,使螢幕上的波形在 X 軸方向大小適宜,讀出所測部分的水準距離 L(div)。如果此時「掃描時間」開關所處擋的標稱值為 t_0(μS/div),則測得的時間量為 $T=Lt_0$(μS)。

(1)脈衝邊沿時間的測量

用示波器觀察脈衝波形的上升邊沿、下降邊沿時,必須合理選擇示波器的觸發極性(用觸發極性開關控制)。顯示波形的上升邊沿應選「+」極性觸發,顯示波形下降邊沿應選「-」極性觸發。

如測得的邊沿時間 t 比示波器的建立時間 t_{ro} 的三倍值小時,實際邊沿時間 t_r(或 t_f)應通過公式 t_r(或 t_f)$=\sqrt{t^2-t^2_{ro}}$ 進行校正。示波器的建立時間 t_{ro} 可在示波器的說明書中查到。

(2)兩訊號相位差的測量

採用雙通道顯示方式,同時顯示兩個波形,如圖(附錄)1-4-10 所示,測量二者的時間差 t_d 及訊號週期 T,則相位差為 $\phi=\frac{t_d}{T}\times 2\pi$。

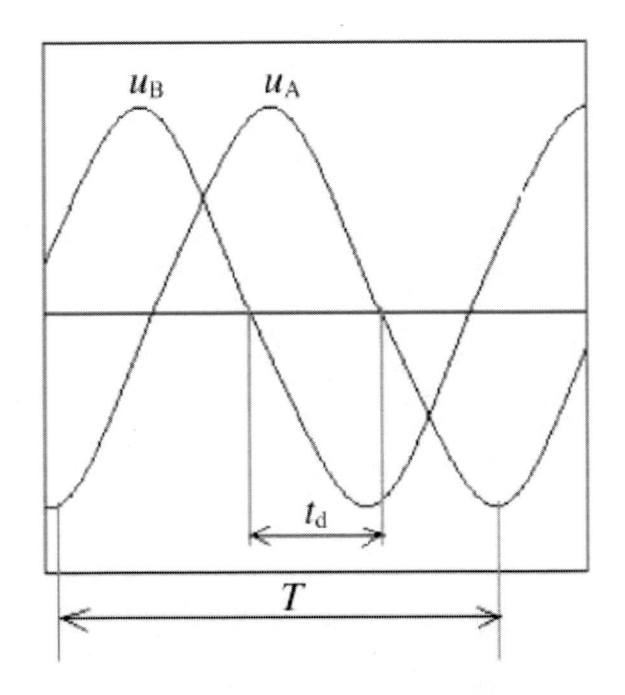

圖（附錄）1-4-10 相位差的測量

　　數位儲存示波器採用數位電路，先經過 A/D 變換器，類比輸入訊號波形被變換成數位資訊，儲存於數位記憶體中；需要顯示時，再從記憶體中讀出，通過 D/A 變換器，將數位資訊變換成類比波形顯示在示波管上。數位儲存示波的基本原理圖如圖（附錄）1-4-11 所示。

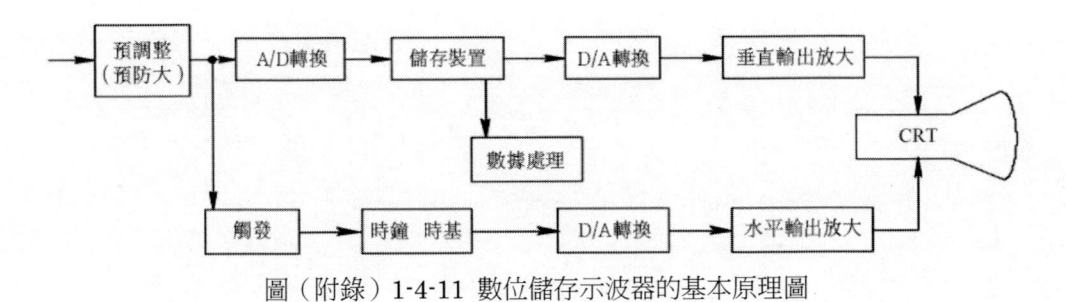

圖（附錄）1-4-11 數位儲存示波器的基本原理圖

與類比示波器相比，數位儲存示波器有以下優點：

（1）波形可長期保存、多次顯示。

（2）支持負延時觸發。

（3）便於觀測單次過程和突發事件。

（4）具有多種顯示方式。

（5）便於進行資料分析、處理。

（6）具有多種輸出方式，便於進行功能擴展和自動測試。

（7）集成度高，體積小，重量輕。

數位儲存示波器主要有以下的應用：

（1）Δt 和 ΔU 的測量數位儲存示波器可測量訊號波形任一局部的時間和電壓，即 Δt 和 ΔU。如前所述，利用通用示波器也可測量 Δt 和 ΔU。

（2）捕捉尖峰干擾在數位儲存示波器中設定了峰值檢測模式。

（3）對機電訊號進行測試數位儲存示波器只要配上適當的感測器，就能測量振動、加速度、角度、位移、功率以及壓力等機電參數。隨著數字示波器智慧化程度的提高，其使用也越來越簡單，一般數字示波器都設有「自動」按鈕，能很簡單地進行波形顯示操作。

參考文獻

[1]陶宏偉.電子設備測量與技能訓練.北京:高等教育出版社,1997

[2]羅小華,劉雙臨,邵凱,林雲.電子電路實驗教程.北京:人民郵電出版社,2008

[3]王勤,餘定鑫.電路實驗與實踐.北京:高等教育出版社,2004

[4]劉叔英,蔡勝樂,王文輝. 電路與電子學. 北京:電子工業出版社,2002

[5]鄭步生,吳渭. Multisim2001 電路設計及模擬入門與應用. 北京:電子工業出版社,2002

國家圖書館出版品預行編目（CIP）資料

電工與電路分析實驗 / 王麗丹, 陳躍華, 趙庭兵 主編. -- 第一版.
-- 臺北市：崧燁文化, 2019.11
　　面；　公分
POD版

ISBN 978-986-516-196-5(平裝)

1.電機工程 2.電路 3.實驗

448.034　　　　　　　　　　　　　　108018884

書　　名：電工與電路分析實驗
作　　者：王麗丹, 陳躍華, 趙庭兵 主編
發 行 人：黃振庭
出 版 者：崧燁文化事業有限公司
發 行 者：崧燁文化事業有限公司
E - m a i l：sonbookservice@gmail.com
粉 絲 頁：　　　　　　網　址：
地　　址：台北市中正區重慶南路一段六十一號八樓 815 室
8F.-815, No.61, Sec. 1, Chongqing S. Rd., Zhongzheng Dist., Taipei City 100, Taiwan (R.O.C.)
電　　話：(02)2370-3310　傳　真：(02) 2388-1990
總 經 銷：紅螞蟻圖書有限公司
地　　址：台北市內湖區舊宗路二段 121 巷 19 號
電　　話：02-2795-3656 傳真：02-2795-4100　網址：
印　　刷：京峯彩色印刷有限公司（京峰數位）

　　本書版權為西南師範大學出版社所有授權崧博出版事業股份有限公司獨家發行電子書及繁體書繁體字版。若有其他相關權利及授權需求請與本公司聯繫。

定　　價：299元
發行日期：2019 年 11 月第一版
◎ 本書以 POD 印製發行

◆ 崧博出版　◆ 崧燁文化　◆ 財經錢線

最狂
電子書閱讀活動

即日起至 2020/6/8，掃碼電子書享優惠價　**99/199 元**